Schreckſaurier des Erdmittelalters, bis 6 m hoch, teils auf allen Vieren hockend, teils halb aufrecht gehend

(Aus W. E Swinton, Dinoſaure. London 1974)

Aus der

Urgeschichte der Erde und des Lebens

Tatsachen und Gedanken

von

Edgar Dacqué

Mit 46 Textabbildungen und
einem Titelbild

Verlag R. Oldenbourg · München-Berlin
1936

Copyright 1936 by R. Oldenbourg, München und Berlin.

Druck von R. Oldenbourg, München.

Vorwort.

Das vorliegende Buch gibt ausgewählte Stücke aus der Erd- und Lebensgeschichte, die so, wie sie dargestellt sind, scheinbar nur lose zusammenhängen. Manches ist schon an anderer Stelle ausgesprochen, hier aber in neuer Form, und ist teilweise in andere Beziehungen gesetzt; auch Neues ist darunter. Das Material als solches ist weit ausgebreitet in meinem größeren Werk „Die Erdzeitalter", das im gleichen Verlag erschien. Dort findet man auch reiche Illustrationen zu den naturwissenschaftlichen Kapiteln; aber, wie gesagt, nur den Stoff. Hier aber wird nun der dargebotene Stoff nicht um seiner selbst willen gebracht, sondern dient als Grundlage und Träger zu naturphilosophischen Betrachtungen und Anschauungen.

Man sucht heute wieder, statt nur nach der äußeren Beschreibung und Darstellung zu fragen, nach dem ideenhaften Gehalt in allen Daseinsformen. Wenn dies auch die Gefahr eines gewissen Ästhetizismus in sich birgt, so scheint mir diese doch nicht allzu groß, wenn man nicht einer billigen und bequemen Unterhaltungslust huldigt und nur ihr schriftstellerisch zu genügen sucht; vielmehr führt die ernste Beschäftigung mit dem ideenhaften Gehalt der Natur und ihren Erscheinungen zu der Wirklichkeit des Menschen selbst, aber auch zu den Grenzen seines Geistes, und zeigt uns nicht ein sentimentales Weltbild, sondern einen erschütternden Zusammenhang alles Geschehens.

München, Frühjahr 1936.

Der Verfasser.

Inhalt.

holender Ablauf, sondern stete Erneuerung. Bemerkenswert ist, sagt ein neuerer Forscher in einer Betrachtung über das Elektron, daß sich neuerdings die Aufmerksamkeit auf verschiedenen Gebieten den rhythmischen, pulsierenden Vorgängen zuwendet: das höhere organische Leben ist an den regelmäßigen Herzschlag gebunden, übrigens das niedere vielfach ebenso; das menschliche Triebleben im weitesten Sinne scheint periodischen Einflüssen zu unterliegen. Etwas dem Herzschlag Analoges glaubt man schon in der Pflanzenzelle wahrzunehmen. Die Bedeutung dieser vielfach erst vermuteten Phänomene wird dann hervortreten, wenn es gelingt, die Pulsationen der verschiedensten Größenordnungen in einen inneren Zusammenhang zu bringen. Welche neuen Perspektiven eröffnet es für die Forschung, wenn wir nach und nach unser Augenmerk auch auf die Rhythmen der außerorganischen Natur richten und vielleicht nicht nur ihren äußeren, sondern auch inneren Zusammenhang mit denen der belebten Natur allmählich erkennen lernen!

Man lasse sich nicht täuschen durch den Einwand, auch die mechanistische Physik seit Newton oder die biologische Mechanistik seit Darwin erkenne Rhythmus im Geschehen an; die ganze Astronomie mitsamt ihren Berechnungen zeige es ja. Diese Rhythmik ist nicht gemeint. Denn diese mechanistische Rhythmik ist doch eben nur eine äußerliche, eine auf Stoß und Schieben, auf Zug und Druck, Häufen und Zerfallen beruhende und so vorgestellte. Wir aber meinen eine Rhythmik, welche auf inneren Entsprechungen der äußeren Dinge, des äußeren Geschehens beruht und als solche eine nicht auflösbare Grundursache, ein Urphänomen im Goethe-Schopenhauerschen Geiste ist.

Von diesem inneren, lebendigen Rhythmus des Geschehens auch in der anorganischen Natur wußten ältere Zeiten und Wissenschaften, die dieses Seelenmäßig-Lebendige auch in der vermeintlich toten Materie erfühlten und erschauten und es dem zerlegenden Intellekt, den wir allein bei der Erforschung

8

der Natur heute anwenden, nahezubringen wußten. Ist dies doch auch der verhüllte Sinn ursprünglich echt astrologischen Weltwissens, das so ganz entartet und entstellt durch unsere Aufklärungsjahrhunderte auf uns gekommen ist.

Es ist klar, daß eine mechanistisch denkende und erklärende Epoche, deren Gott nur „von außen stößt", unmöglich eine bejahende Stellung zu solchen Ideengängen einnehmen konnte und daß diese ihr ein vollkommener Unsinn sein mußten. Denn wenn sie vernahm, daß sich etwa erdgeschichtliches Geschehen und biologische Formgestaltung in Gang und Stellung von Himmelskörpern auswirke, so konnte sie nur an eine äußerlich mechanistische Beziehung denken; und da sich eine solche nicht nachweisen ließ, so mußte sie grundsätzlich jeden astrologischen Gedanken ablehnen. Wurde ihr aber gesagt, es handele sich bei der Beziehung der Gestirne zum Erdenwesen um eine innere Entsprechung, so mußte dies ins Leere treffen, weil in dem Erkenntniskreis wie in den Voraussetzungen der neueren Naturforschung gar keine Möglichkeit bestand, ein rhythmisches Geschehen, wie überhaupt ein Geschehen anders als äußerlich-mechanisch vorzustellen.

Die Erdgeschichtsforschung und damit auch die Wissenschaft von der Entwicklung des Lebens in den vorweltlichen Epochen befindet sich seit der Mitte des vorigen Jahrhunderts in einem methodisch merkwürdig eng umschriebenen Zustand, der seinen Ausdruck findet in dem Grundsatz, alle erdgeschichtlichen Vorgänge aus den heute zu beobachtenden Mechanismen an der Erdoberfläche zu erklären. Es war das aktualistische Prinzip. Alle die ungeheueren und rätselhaften Umwälzungen im Gerüst der Erdrinde, wie auch alle großen und kleinen Veränderungen im Reich des Lebens sollten nichts anderes sein als kleinste Häufungen von Vorgängen, wie sie uns jetzt anscheinend unsere Umwelt darbietet. Jede Wissenschaft aber beginnt in ihrer erstmaligen Grundlegung mit gewissen metaphysischen Voraussetzungen, die noch jenseits aller nachher erst zu machenden Erfahrung liegen. Wenn nun solche Voraussetzungen, anfänglich in eine Theorie gebracht, sich nachher oftmals der praktischen Forschung und Erfahrung gegenüber als irrig erweisen, wenigstens in der Gedankenform, in die sie a priori gekleidet worden waren, so zeigt sich doch späterhin wieder, daß ihnen ein innerlich berechtigter Kern innewohnt. So war es auch beim Beginn der erdgeschichtlichen Forschung: man erkannte ziemlich unmittelbar, daß ein erd- und lebensgeschichtlicher Rhythmus vorhanden sein müsse, aber man stellte dies nun etwas naiv dar, indem man eine Katastrophenlehre schuf und glaubte, es müßten von Epoche zu Epoche in einem recht äußerlichen Sinn über unsere Erdkugel immer wieder große mechanische Katastrophen hereingebrochen sein und von Zeit zu Zeit das Erdantlitz von Grund aus verändert haben, mitsamt dem Leben. Man vergaß darüber die innere Kontinuität, die alles Naturgeschehen immer und immer hat, auch wenn, von außen gesehen, Abbrüche und Umbrüche stattfinden.

Es besteht eine mechanisch unauflösbare, im äußeren Geschehen gespiegelte Lebendigkeit und kosmische Allbezogenheit zwischen allen Dingen und Geschehnissen, den größten wie den kleinsten, und es geht nichts vor an irgendeinem Ort, das nicht anderswo und grundsätzlich überall sein entsprechendes Mitgeschehen hätte. So bleibt der Kosmos und seine Teile nie derselbe. Man hat den Eindruck, daß die neuere, erkenntnistheoretisch noch nicht zureichend verarbeitete, merkwürdige Leugnung des Kausalgeschehens in der Physik nur ein Symptom dafür ist, daß die abendländische Wissenschaft wieder zu uralten Grundgefühlen für das Wesen der Naturvorgänge sich zurückzutasten beginnt. Ja es ist von bedeutender Seite schon erwogen worden, ob nicht die neuen umstürzenden physikalischen Erkenntnisse über das Wesen der Materie uns zwingen werden zu der Annahme, daß auch im Weltall immerzu neuer Stoff entsteht, alter vergeht. Und die für das vorige Jahrhundert in der Wissenschaft wie ein unumstößlicher Grundsatz anerkannten Gesetze von der Erhaltung der Energie und Materie

10

müssen nun auch jener Grunderkenntnis, daß nichts dauernden Bestand habe, geopfert werden.

Auch die Erde ist ein stetig sich änderndes kosmisches Gebilde, und zwar das einzige, das wir aus unmittelbarer Anschauung kennen. Soweit wir in den unausdenkbar langen Epochen zurückblicken: immer sehen wir nichts anderes als einen beständigen Wechsel von Festland und Meer, ein Aufstreben von Gebirgen und ihr Wiederverschwinden; einen Wechsel des Klimas von Eiszeiten zu Wärmezeiten mit allen erdenklichen Zwischenstufen. Aber es ist in diesem Wechsel doch nicht nur ein ewiges, man möchte sagen stupides Wiederholen desselben Mechanismus, sondern es bewirkt diese Umbildung auch immer ein neues Daseinsbild; es bilden sich aber auch in dem Wechsel bestimmte Formen heraus, die mehr und mehr zu einem Bleibenden werden wollen, zu einem Abschluß drängen. Man könnte es mit dem Leben eines Einzelwesens vergleichen, das auch seine Formen bildet, in steter Veränderung sich zeigt und doch endlich zu einer vollendeten Form sich gestalten möchte, aber eben damit auch altert und endlich dem Tode verfällt.

*

Wir können uns nicht zu der Auffassung Fechners verstehen, daß die Erde und die Sterne und das Weltall etwa unendlich große erhabene Lebewesen seien. Zwar sind auch sie der Ausdruck übermenschlicher lebendiger Naturpotenzen, die in der Sprache des Mythus Götter, bei Fechner Engel heißen, aber sie sind nicht höhere „Organismen". Dieser Begriff muß allein dem Tier- und Pflanzenleben als solchem vorbehalten bleiben. Und wenn wir auch das irdische Dasein beseelt nennen wollen, so darf das alles nicht eine begriffliche Gleichsetzung mit der Organismenwelt sein; sondern es soll nur eine bildhafte Ausdrucksweise sein, die uns sagen soll, daß der Mechanismus keine zureichende Vorstellung und Erklärung für das Werden und Bestehen und Vergehen der gesamtirdischen Dinge und Erscheinungen ist.

11

Erst von diesem höheren Blick auf den Zusammenhang und auf die innere Lebendigkeit aller abgegrenzten Körper und Elemente des Weltalls dürfte man angesichts der Jahrmillionen erdgeschichtlichen Geschehens, das wir einigermaßen verfolgen können, nun auch fragen: Altert die Erde? Diese Frage hat ein namhafter Erdgeschichtsforscher einmal gestellt und zum Gegenstand einer akademischen Rede gemacht. Natürlich kann man nur vergleichsweise so fragen; denn die Erde ist nicht ein Organismus im Sinn des tierischen oder pflanzlichen Daseins; sie ist vielmehr ein Körper, der seine eigenen inneren Mechanismen und Umsetzungen hat, die teils in ihm selbst liegen und aus ihrer stoffhaften Struktur und ihrem physikochemischen Zustand heraus geschehen; wie sie andererseits kosmisch verbunden ist, in einem engeren, nur auf ihre nächsten Nachbarn etwa bezüglichen Zusammenhang, wie vielleicht auch in einem weiteren Umfang mit sonstigen unnahbaren und in ihrem Wesen uns ganz unbegreiflichen Kraftpunkten des Weltalls, die wir Sternbilder, Fixsterne und Weltnebel nennen. Wenn wir also vom Altern der Erde sprechen, so ist es ein Vergleich, der besagen will, es bestehe die Möglichkeit, daß die uns bisher allein bekannten Mechanismen und Stoffzustände des Erdkörpers sich schon so weit ausgelebt und umgesetzt haben, daß man mit einer — geologisch gesehen — baldigen Erstarrung des Erdinnern rechnen kann. Das aber würde bedeuten, daß der seit unendlichen Zeiten beobachtbare Wechsel der Oberflächenbildungen: der Wechsel von Festländern und Meeren, das Kommen und Wiederschwinden von Gebirgen, kurz die gesamten großen und kleinen Bewegungen und Rhythmen der Erdrinde ihr baldiges Ende finden und ein dem Tode vergleichbarer Endzustand in dem erstarrten Antlitz der Erde erscheinen würde. Und jene Frage: „Altert die Erde" wird nun dahin zu beantworten sein, daß die heute beobachtbaren inneren Umsetzungen noch auf ein sehr voll pulsierendes Leben des Erdballs deuten, wenn auch nicht zu verkennen ist, daß in unserer gegenwärtigen geologischen Kleinphase, der Quartärzeit, der Erdkörper und seine Außenseite sich besonderer Ruhe erfreut.

Aber wir beobachten doch auch im Lauf der langen Erdgeschichte, daß die Bewegungen und die daraus hervorgehenden Formgebilde der Erdrinde immer ausgeprägter, immer endgültiger werden. Hochgebirge entstanden am Ende der Tertiärzeit, und der Himalaja, das höchste, noch in der Quartärzeit. Diese bewegten Krustenstreifen zeigen ein Ausmaß, das uns sonst in früheren Erdepochen, wo es gleichfalls Faltungen hochgebirgsmäßiger Art gab, nicht erreicht wurde. Auch die Kontinente in ihrer heutigen scharfen Abgrenzung gegen die Tiefen der Ozeane sind früher nicht im selben Maße individualisiert gewesen; es gab ausgedehntere Übergangszonen zwischen den Hochlagen des Kontinentalen und den Tiefenlagen des Ozeanischen, und erst spät in der Erdgeschichte hat sich jener schroffe Gegensatz zwischen Kontinent und Tiefsee herausgebildet, den wir heute geographisch verwirklicht sehen.

So können wir zwar nicht sagen, daß die Erde schon gealtert und müde sei und vor dem Abschluß ihrer Ausbildung stehe; aber wir können doch vielleicht von einem gewissen Reifen sprechen, in das sie eingetreten ist. Es ist aber merkwürdig, daß eben dieser Reifezustand sich in jenem erdgeschichtlichen Augenblick einzustellen begann, als wir zum erstenmal den Vollmenschen, den Homo sapiens, auftreten sehen. Die Tier- und Pflanzenentwicklung, also das Werden der untermenschlichen Natur, ist abgeschlossen, und statt dessen erscheint der Vollmensch heutiger Art. Der entwickelt sich seit dem Beginn der Quartärzeit. Aber er entwickelt sich nicht wie die Tiere und Pflanzen in neuen Gattungen, sondern in seelisch-geistigen Typen, in Rassen und natürlichen Völkern. Das ist der äußere Unterschied zwischen ihm und der untermenschlichen Lebenswelt. Es macht den Eindruck, als ob mit der Vollentfaltung des Menschen und der Besiedelung der Erde durch ihn ein Abschluß in die Gestaltung des gesamten organischen Reiches gekommen sei.

*

13

Während der langen Erdepochen hat sich das Tier- und Pflanzenreich entfaltet. Durch drei große Weltalter hindurch können wir diese Entfaltung verfolgen, bis hinab an die unterste Schwelle des Erdaltertums, die kambrische Zeit, unterhalb deren sich die gähnenden Zeitabgründe noch früherer Urepochen auftun, in denen zwar auch das Leben existiert haben muß, wie gewisse Anzeichen und theoretische Überlegungen es dartun, ohne daß wir jedoch wüßten, in welcher Form und Ausgestaltung. Dagegen tritt vom Beginn des Erdaltertums ab deutlich ein höchst mannigfaltiges organisches Reich schon in Erscheinung, wenngleich nur in niederen Meerestieren, aber in allen Organisationsgraden bis herauf zu den Krebsen, die mit einem Schlag dort sichtbar werden. Hand in Hand mit der Umgestaltung der Erdoberfläche geht die Umgestaltung des Lebens. Zahllose Gattungen und Arten, von Epoche zu Epoche, ja von jeder kleinsten Zeitphase zur anderen immerfort sich erneuernd, sehen wir den Reichtum organischer Gestaltung über die Erde dahingehen, bis endlich auch der Mensch sichtbar wird, nachdem alle tieferen Organisationsstufen sich verwirklicht hatten. Und dieser unendliche Wechsel von Umwelt und Leben ist die gesamte irdisch-planetare Entwicklungsgeschichte.

Diese Entwicklungsgeschichte nun können wir in großen Zügen, wie auch im kleinen und einzelnen verfolgen. Alle Veränderung und Entwicklung äußert sich im Zeitablauf, und so stellt sich uns die ganze Naturgeschichte als Zeitfolge von irdischen Bodenformen wie als Zeitfolge von Gattungen des Lebensreiches dar. Auf den wechselnden Bodengestaltungen aber und unter den stets veränderten Klimazuständen schlossen sich die Lebewesen immer wieder zu kontinentalen und marinen Lebensgemeinschaften und Gesellschaften zusammen, die nun ihrerseits wieder von den Lebensräumen und ihrer Gestaltung abhängig wurden oder auf diese sich einstellten durch entsprechende Wanderungen und Umgestaltungen ihrer Körperformen und Organe. So ist diese Wechselwirkung zwischen

14

irdischer Umwelt und Leben durch die Jahrmillionen dicht verwoben und bietet von Augenblick zu Augenblick ein neues, verändertes Bild, dem nachzugehen eben die Aufgabe erd- und lebensgeschichtlicher Forschung ist. Daraus gewinnen wir eine Urgeschichte der Erde und des Lebens. Aber nicht etwa nur so, daß wir bloß den äußeren Ablauf als solchen feststellen und schildern wollten, sondern auch so, daß uns aus diesem Wechsel und seinen Rhythmen die Gesetze der Umbildung des Erdkörpers wie die der Lebensbildung klarwerden, die nun erst den eigentlichen Sinn und Inhalt solcher Urgeschichts- forschung ausmachen, besonders wenn es uns dann gelingt, dies alles unter den umfassenden Gesichtspunkt philosophischer Daseinsdurchdringung zu rücken.

Die Grundbedingung zu alledem bleibt für unseren, des unmittelbaren Einblicks in die lebendig inneren Verwebungen der Naturvorgänge entbehrenden Geist die äußere Feststellung des Geschehens. Man darf nicht die empirisch exakte Beobach- tung etwa ersetzen wollen durch eine „Innenschau", die in solcher naiven Form lediglich zu haltlosem Wähnen führen müßte. Diese erfahrungsgemäße äußere Beobachtung ist das Kennzeichen unserer neueren Wissenschaften und soll es auch bleiben. Wir können das sich jetzt vor unseren Augen Abspielende beobachten und ihm seine Gesetze ablauschen; wir können aber auch aus den Überlieferungen der Vorwelt auf das Ehemalige und Voraufgegangene schließen und so unser augenblickliches Weltbild erweitern. Für die Erde gelingt es uns in gewissen Grenzen; für das außerirdische Weltall nicht im selben Maße. Dieses äußere Tatsachenwissen aber muß gespiegelt werden an höheren, umfassenderen Ideen. Das erst holt wirkliche Werte zu einer natürlichen Weltanschauung aus unserer Natur- forschung heraus.

In dieser Weise soll im folgenden das Geschichtsbild unseres Planeten und das des Lebens auf ihm an unserem geistigen Auge vorüberziehen. Da aber der Stoff gewaltig und heute schon schier unerschöpflich ist, so können wir nur eine Auswahl daraus treffen. Wie aber soll diese erfolgen? Wir werden einiges herausgreifen und an diesem Einzelnen das Wesen des Ganzen zu verstehen trachten. Wie man etwa gewisse Epochen der menschlichen Geschichte dadurch anschaulich zu machen und dem Verständnis derselben näherzukommen sucht, indem man einzelne große Geschehnisse aus ihnen schildert oder bestimmte soziale und kulturelle Zustände herausgreift, um so in dem Wenigen und Einzelnen das Wesen des jeweils Ganzen fühlen zu lassen, so werden wir nur wenige, aber charakteristische Erscheinungen des erb- und lebensgeschichtlichen Geschehens der Vorwelt ins Auge fassen, um daran eben Gesetze und Ziele der gewaltigen Entwicklung unserer Erde und ihrer Bewohner dem Verständnis nahezubringen. Dabei aber wollen wir nicht vergessen, nach dem inneren Sinn und Zusammenhang des Ganzen zu fragen.

1. Zeiträume der Erdgeschichte.

Die Weltalter.

Drei große oder Hauptzeitalter[1]) sind uns zunächst durch die Entzifferung der Gesteinslagen der Erde und ihrer fossilen Tier- und Pflanzeneinschlüsse wohlbekannt. Wir selbst leben am Ende der Erdneuzeit, der Quartärepoche, welcher die wesentlich längere Tertiärzeit vorausgeht. Darunter folgt das noch längere Erdmittelalter, endlich darunter das wiederum bedeutend längere Erdaltertum. Man setzt gewöhnlich das gegenseitige Zeitverhältnis der drei genannten Ären mit den Verhältniszahlen 1 : 3 : 12 (15) fest, ohne daß man wüßte, wie lange diese Zeiten in absoluten Jahreszahlen gedauert haben. Hier genüge uns die allgemeine Einteilung.

Den drei genannten Hauptweltaltern gehen noch wenig durchsichtige uralte Epochen voraus, die insgesamt an Zeitdauer wohl beträchtlich größer waren als die vorgenannten, an sich schon jahrmillionenlangen „geologisch-historischen" Zeiten; doch wissen wir nur Unbestimmtes, insbesondere vom Leben und der Geographie und Klimatologie jener frühesten

---

[1]) Es werden in der Forschung die Begriffe Zeitalter, Epochen, Perioden nicht gleichmäßig gebraucht; man kann von der kambrischen Periode oder Epoche und auch vom kambrischen Zeitalter sprechen; doch wird letzterer Begriff im allgemeinen für die großen Weltären (Erdaltertum, Erdmittelalter, Erdneuzeit) angewandt. Man kann auch von den einzelnen Formationen sprechen und meint damit nicht das Gestein, durch das die Zeitalter oder Zeitstufen repräsentiert sind, sondern eben die Zeitperiode selbst. (Siehe die Formationstabelle am Schluß des Buches.)

Urzeiten und verzichten daher hier auf eine an sich doch nur in dürftiger Weise mögliche Schilderung. Es genüge einstweilen, zu wissen, daß jene Urepochen (Algonkium und Archaikum) sich schon durch einen Wechsel von Festländern und Meeren, von Gebirgsbildungen und -abtragungen, von klimatischen

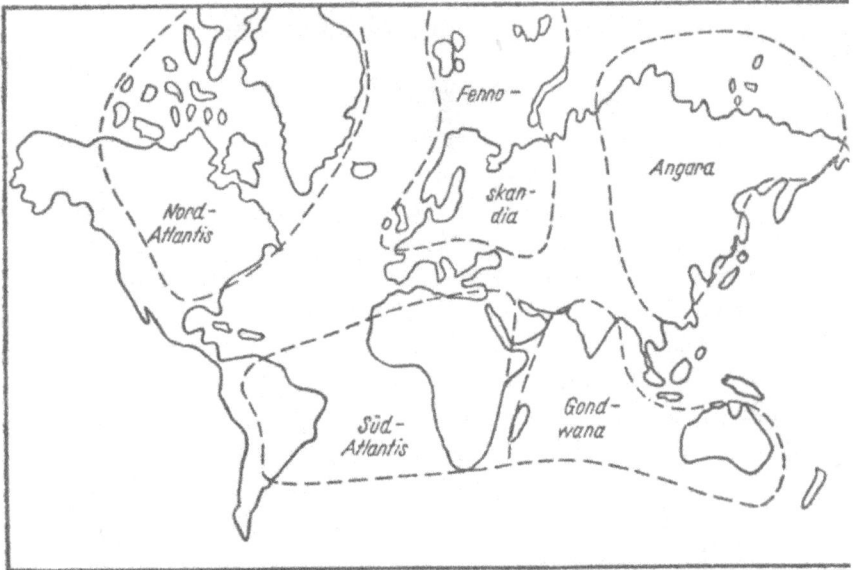

Abb. 1.

Kartenschema zur Darstellung der vorweltlichen Kontinente (gestrichelt) im Vergleich zu den heutigen (ganze Linien). Die früheren Kontinentalkerne haben verschiedene Namen. Zeitweise waren einzelne Kontinente vereinigt, so im Erdaltertum die Südatlantis und das Gondwanaland zu einem großen Südkontinent; oder Finnostanbia und Nordatlantis zu einem nordatlantischen Kontinent. (Orig.)

Gesamtänderungen auszeichneten und daß damals schon Leben, vermutlich sogar in mannigfaltiger Gestaltung, existierte.

Zu Beginn des Erdaltertums, von unten herankommend, in der kambrischen Epoche sehen wir sofort schon die Kontinente und Meere grundlegend anders verteilt als etwa heutigestags (Abb. 1). Vor allem erstreckte sich ein großer Südkontinent aus dem heutigen Südamerika, über den südlichen Atlantik

18

herüber nach Afrika, von da über den Indischen Ozean nach
Vorderindien und nach Australien; teilweise war vielleicht auch
das Südpolargebiet in diese gewaltige Kontinentalfläche mit
einbezogen. Auf der Nordhalbkugel aber lag ein aus Kanada
und den kanadischen Polargebieten sich über Grönland nach
Skandinavien herüberziehender Kontinent, die Nordatlantis;
ein großer Teil des heutigen Asien bildete einen zweiten großen

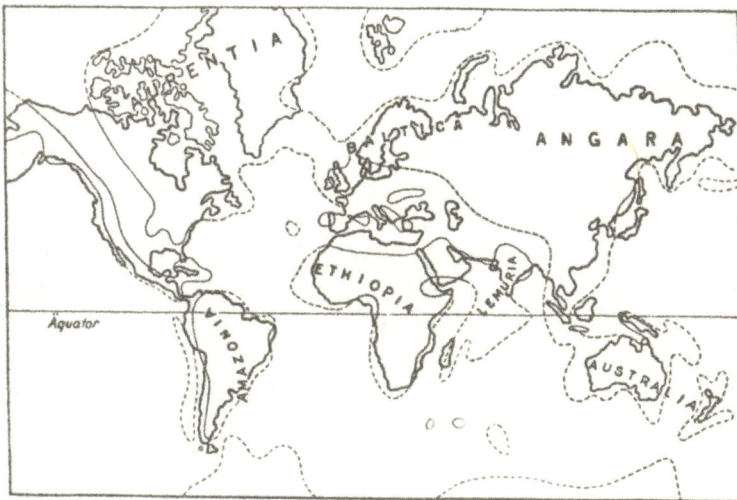

Abb. 2.
Allmähliche Annäherungen der Kontinentalformen zur Mitteltertiärzeit an die heutigen Umrisse. Nur noch wenige, jetzt getrennte Zusammenhänge; Ansammlung der Landmasse auf
der Nordhalbkugel. (Nach Kayser).

Nordkontinent, während andere Gebiete zerstreuten kleineren
und größeren Inseln zugehörten und die Gegenden des heutigen
West- und Mitteleuropa meerbedeckt waren. Was mit dem
Stillen Ozean war, wissen wir nicht; vermutlich enthielt auch
er, insbesondere in seiner Mitte und südwärts, größere Kon-
tinentalteile. Zwischen den großen Nord- und Südkontinenten
aber zog sich ein ostwestwärts ausgedehntes Mittelmeer hin,
das während der ganzen Erdgeschichte mit großer Beständig-

Einführung.

Es ist eine einfache Grundwahrheit, daß alles einer stetigen Veränderung unterliegt. Wir mögen hinblicken, wo wir wollen: nichts bleibt, wie es ist, und alles Sein ist nur bewegliches Werden. Selbst der harte Stein, der durch Jahrhunderte und Jahrtausende daliegt, ist dem Zerfall geweiht, und die mächtigsten Hochgebirge, die uns als Sinnbild der Ewigkeit erscheinen, sind vor dem Auge des Erdgeschichtsforschers nur verhältnismäßig kurzfristige Gebilde der ewig ihre Formen wechselnden Natur. Ja es ist kein Zweifel, daß überhaupt in der physischen Welt keine Ruhe, kein Stillstand herrscht, denn während etwa ein Stein unbeweglich daliegt, gehen doch in ihm, in seiner Substanz, unentwegt im Kleinsten und Feinsten ungeheuere Bewegungen und Umsetzungen vor sich, und wenn wir mit millionenfacher Vergrößerung ihn betrachten könnten, so würden wir wohl ein geradezu verwegenes Rasen und Vibrieren, ein akkordales Zusammenklingen und ein Auseinanderspannen in Dissonanzen seiner kleinsten Teilchen wahrnehmen, vor dem uns die Sinne schwinden könnten.

Aber in all dem Wechsel und Werden liegt auch Einheit und innere lebendige Bestimmung. Es ist ein Grundfehler mechanistischer Naturphilosophie, zu meinen, diese Umsetzungen seien ein materielles Treiben. Vielmehr scheinen im Innern der Stoffe unauflösbare primäre Lebenskerne zu bestehen, oder, besser ausgedrückt: alles materiell sich darstellende und so auch auffaßbare Geschehen ist der nach außen in die Erscheinungswelt gewendete Ausdruck latenter lebendiger Potenzen. Alles Verändern wäre somit ein rhythmisches Pulsieren, und was geschieht ist nie ein stereotyp sich wieder-

keit sich hielt, dem in späten Epochen die großen alpinen Gebirge Europas und Südasiens entstiegen und dem die Geologen den klassischen Namen Tethys gaben.

So war es im Erdaltertum. Später, im Erdmittelalter, zerfiel der große Südkontinent in einen amerikanisch-südatlantischen Komplex und in einen südafrikanisch-indisch-australischen, ersterer die Südatlantis, letzterer Gondwanaland genannt. Im Norden blieben mit vielen Veränderungen die zuvor genannten Kontinente bestehen. In der Erdneuzeit änderten sich die Kontinente nun rasch zu ihrer heutigen Form und Verteilung. Zuerst bestand noch ein Rest des Südkontinentes, Madagaskar mit Vorderindien verbindend, Lemuria genannt; länger bestanden im Norden noch transatlantische Landflächen, bis sie zuletzt auch versanken und nun sich allmählich der heutige Zustand einstellte (Abb. 2).

Diese Umänderungen hingen zusammen mit mannigfachen Gebirgsbildungen in den einzelnen Erdzeitaltern. Schon im Erdaltertum sehen wir im Norden, dann etwas später gegen Ende des Erdaltertums in weiten Gebieten der Erde Krustenbewegungen und Schichtenfaltungen entstehen, welche hochgebirgsartige Erhebungen erzeugten. Im Erdmittelalter waren diese alten Hochgebirge wieder verschwunden, abgetragen, bis es dann in der Erdneuzeit abermals zur Auffaltung aller heute noch vorhandenen alpinen Gebirge, wie Alpen, Himalaja, amerikanische Anden usw. kam. Doch geschah dies alles nicht streng gleichzeitig.

Hand in Hand mit den steten Umsetzungen der Erdrinde in den drei großen Weltepochen ging auch ein stetiger Klimawechsel. Bald war es warm und mild auf der Erde, so daß von Pol zu Pol ein üppiges, gleichmäßiges Tier- und Pflanzenleben sich entwickeln konnte; bald war das Klima wieder gegensätzlich, es bildeten sich Zonen, ja es kam auch in langen Zeitzwischenräumen zur Ausbildung von Eiszeiten. So am Anfang und am Ende des Erdaltertums, und dann wieder am Ende der Erdneuzeit, in der eben erst vorübergegangenen

20

Diluvialzeit, die ja der Mensch miterlebt hat und deren Rest-
wirkungen wir noch in den Polareismassen und den alpinen
Vergletscherungen heutiger Tage sehen. Dagegen war es um
die Mitte des Erdaltertums und wohl während des ganzen
Erdmittelalters und dann wieder in der Tertiärzeit, also im
Hauptabschnitt der Erdneuzeit, bis kurz vor der diluvialen
Eiszeit überall sehr mild und warm, auch in den heutigen
Polargebieten.

Nicht zum wenigsten aber bildete sich in diesem ewigen
Wechsel einer Umwelt das Tier- und Pflanzenleben stets von
neuem um. Milliarden von Lebewesen sind in den einzelnen
Epochen über die Erde dahingegangen; immer neue Gattungen
und Arten kamen, starben wieder aus, setzten sich längere oder
kürzere Zeit fort. Es entfaltete sich der „Stammbaum des
Lebens", an dessen Ende scheinbar der Mensch steht, dessen
früheste Reste wir in der Altdiluvialzeit, also in der letzten Phase
der erdgeschichtlichen Epochen erst finden.

Die vorstehend kurz beschriebenen drei großen Weltalter
nennt man in einem Vergleich mit der erforschten Menschen-
geschichte die „geologisch-historische" Zeit, weil erst mit ihnen
eine einigermaßen sichere Geschichte der Erde und des Lebens
aufzubauen ist. Denn nur aus ihnen sind uns Gesteinsformationen überliefert, die infolge ihres Inhaltes an fossilen
und gut deutbaren Lebewesen zugleich eine Unterscheidung
von Land- und Meeresablagerungen und eine genauere Zeit-
datierung und Zeitvergleichung erlauben. Ihnen voraus gehen
aber langfristige Weltepochen, das Algonkium und Archaikum,
vertreten durch Gesteinsformationen, die noch kaum nach ihrer
Herkunft und Entstehungsart genügend zu beurteilen sind.
Die Gesteinsbildung und Gesteinsmächtigkeit der Zeitforma-
tionen vor dem Erdaltertum verrät uns lediglich, daß auch
damals — es sind ungezählte Jahrmillionen — die Erdoberfläche aus Meeren und Ländern, aus Gebirgen und Tälern,
aus Wasserströmen und Seen, aus Sümpfen und Wüsten und
wohl zeitweise auch schon aus Eisbildungen bestand. Leben

21

war gewiß schon da, im Meere und im Süßwasser, vielleicht schon reichlich, möglicherweise auch auf dem trockenen Lande; aber wie die Gestalten beschaffen waren, die da lebten — das wissen wir nicht. Sie haben uns ihre Reste nicht oder höchstens in unkenntlichem Zustand hinterlassen. Die Gesteinsschichten, in denen sie vorkommen, sind größtenteils durch die in späteren Erdepochen über sie hingegangenen Einwirkungen so umgewandelt, daß wir ihnen oftmals kaum mehr ansehen, ob sie Niederschlagsbildungen von Meeren oder vulkanische Glutmassen oder sonst etwas waren. So gingen auch die darin ehedem gewiß enthaltenen fossilen Reste des Lebens größtenteils verloren, sie sind verwischt und unkenntlich geworden.

Aber wenn wir so das urweltliche Geschehen überdenken und, wie am Meer der Unendlichkeit stehend, Woge um Woge daherkommen sehen aus unergründlicher Ferne, sich am Ufer einen Augenblick brechend und ihren Schaum verbreitend, um dann wieder zurückzusinken und den nachfolgenden Platz zu machen, damit sie dasselbe Spiel wiederholen und wieder verschwinden — was ist da die Zeit? Wollen wir von Jahren und Jahrtausenden, von Jahrhunderttausenden sprechen und damit rechnerisch vielleicht Begriffe in Zahlen kleiden oder Zahlen in Begriffe, für die beide uns jegliche wirkliche zeitraumdurchdringende wahre Vorstellung aus dem Erleben fehlt? Ist es nicht ebenso wie die fast aberwitzig anmutenden astronomischen Zahlen in Sternweiten und Sternkörpern und Lichtjahrtiefen in den Räumen? Was soll das? Und doch müssen wir, fest auf der Erde und ihrer Wirklichkeit fußend, nicht durch einen raumzeitlosen Äther schwebend, uns dazu bequemen, den Lauf von Jahren und Jahrhunderttausenden auch in dem erdgeschichtlichen Geschehen aufzuspüren.

So ist eines der größten erdgeschichtlichen Probleme das der Zeitdauer erdgeschichtlicher Epochen und Vorgänge.

22

Die Zeitermittelung.

Wie lange dauerte die Entwicklung des Erdballs? Wie alt ist er? Wieviel Millionen Jahre sind verflossen seit der und jener Epoche? Alles Fragen, wie sie der Laie oftmals stellt, wenn er die erdgeschichtlichen Zeitalter mit ihrem unendlichen Wechsel aller Formen und Gestaltungen an sich vorüberziehen sieht. Auch die Wissenschaft hat lange vergeblich um die Antwort gerungen und sie mit unzureichenden Methoden zu lösen versucht. So erhitzte man im Laboratorium Mischungen aus Metall und Gestein bis zum Schmelzfluß und beobachtete, wie lange sie zu ihrer Abkühlung brauchten. Dann rechnete man das ins Große um und kam zu ein paar Millionen Jahren Dauer für die einstige Abkühlung der Erde aus einem vermeintlichen glutflüssigen Urzustand bis zur Ausbildung ihrer ersten schlackigen Kruste. Solche naiven Versuche hat man aufgegeben; so einfach liegen die Dinge nicht.

Erstlich muß man sich klarmachen, daß ein Laboratorium und seine Bedingungen nicht dem Weltall entsprechen, nie und nirgends. Wir wollen nicht davon reden, daß das Weltall in sich ein lebendiges Ganzes ist und daß man es im Laboratorium bestenfalls mit mechanischen Prozessen zu tun hat; sondern wir wollen nur darauf hinweisen, daß die Zustände in der Natur nach der Vergangenheit hin nicht gedanklich ins Endlose verlängerte Jetztzustände sind. Alles, was wir an Erfahrung haben, bezieht sich nur auf ganz enge Beobachtungskreise. Wenn wir etwa sehen, daß glühende Körper sich beim Abkühlen zusammenziehen, so ist es noch lange nicht ausgemacht, daß sich glühende Weltmassen von vielen tausend Grad Hitze ebenfalls beim Erkalten schlechthin zusammenziehen; im Gegenteil, es ist sogar erwiesen, daß hochglutflüssige Gesteinsmassen, in feste Bomben eingeschlossen, beim allmählichen Abkühlen oft plötzliche Umlagerungen molekularer Art in sich erfahren, sich daraufhin mit einem Ruck wieder ausdehnen, um dann wieder langsam weiter sich abzukühlen und umzubilden. Wie muß das erst in glutflüssigen Weltkörpermassen gewesen sein! Dann kommt hinzu, daß wir noch kaum etwas über die Umgestaltung der Stoffe in so hohen Glutflußtemperaturen wissen; daß wir nicht wissen, wie die radioaktiven und die sonstigen atomalen Umgestaltungen vor sich gingen, um Wärmegrade zu regenerieren, wenn eine gewisse Abkühlung ihrer Massen eintrat. Wir wissen nicht, in welcher Umgebung einstmals die Erde sich befand, denn vor Jahrmillionen ist auch das Planetensystem und die Sonne mitsamt ihrer Strahlung in anderer Verfassung gewesen. Wir wissen nicht, ob und welche Trabanten die Erde hatte; wir wissen nicht, ob nicht andere Ausstrahlungen aus dem Sonnenball oder aus der Erde oder von Nachbarplaneten ganz andere Verhältnisse in der Natur bedeuteten — kurz, es ist nicht zu empfehlen, allzusehr auf irgendwelche Berechnungen zu bauen, die aus engbrüstigen Beobachtungen in der Jetztzeit oder gar im Laboratorium eine Urwelt von Jahrmillionen ermessen und errechnen wollen.

Man hat wohl auch Versuche gemacht, aus den Gesteinsmächtigkeiten und einer Berechnung, wie lange gewisse Formationen oder kleinere Schichtsysteme zu ihrer Ablagerung allenfalls brauchten, die erdgeschichtlichen Zeiträume zu ermitteln. Da kam man denn für das Erdaltertum beiläufig auf 60—100 Millionen Jahre, aber auch solche Berechnungen leiden an dem Mangel, daß die Voraussetzungen allzu vage sind. Aber trotzdem ist es ein gewisses Ergebnis, wenn man durch solche recht nüchterne Überlegungen dazu kommt, mit Walcott sagen zu können: daß die erdgeschichtliche Zeit zwar lang, sehr lang, aber nicht von einer phantastischen Unendlichkeit ist. Und es ist immerhin, angesichts unseres hierin noch großen Nichtwissens, ein klärendes Ergebnis, sich zu vergewissern, daß die Epochen von heute bis hinab zu der unteren Schwelle des Erdaltertums zwar nach Zehnern oder einigen Hunderten von Jahrmillionen, aber nicht nach Milliarden Jahren zu messen. Die einzelnen Hauptweltalter, Erdneuzeit,

24

Erdmittelalter und Erdaltertum, verhielten sich, nach der Schichtenmächtigkeit zu schließen, wie 1 : 3 : 12 (15?). Setzt man nach anderweitigen Schätzungen das Alter der gesamten Erdneuzeit (Tertiär und Quartär) auf 5 Millionen Jahre an, so wäre das Erdmittelalter 25, das Erdaltertum 60—75 Millionen Jahre lang, und wir kämen auf insgesamt gut 100 Millionen Jahre für die geologisch-historische Zeit. Vorauf gehen aber die Urepochen des Algonkiums. Vom Algonkium allein sagt der finnische Forscher Sederholm, daß es eine Zeitdauer gehabt haben dürfte wie die übrigen darüberliegenden Formationen des Erdaltertums. Und zusammen mit dem Archaikum würden die Erdurzeiten vor dem Erdaltertum so ungeheuer lang sein, daß der untere Beginn der kambrischen Epoche dagegen geradezu ein „jungzeitlicher" geologischer Augenblick würde. Unsere Vorstellungskraft versagt praktisch schon gegenüber einer Million Jahren; wieviel mehr gegenüber solchen Zeiträumen!

Aber auf unerwartetem Wege ist ein neues Licht in die Frage gekommen und hat unserer Vorstellung damit Zeiträume eröffnet, die weit über das vorher Vermutete hinausreichen und, methodisch gesehen, zu dem Wunderlichsten gehört, was die erdgeschichtliche Wissenschaft erzielt hat. Aus dem Zerfall radioaktiver Mineralien des Uran geht Helium hervor und nach dessen Abstoßung bleibt eine Art von Blei übrig. Es herrschen dabei bestimmte konstante Zeitverhältnisse, und so läßt sich aus der Menge Blei in einem solchen Mineral die für den Zerfall notwendig gewesene Zeit berechnen; so lange muß das Mineral also in dem Gestein, dem man es entnahm, gelegen haben. Kennt man nun die geologische Altersstellung dieses Gesteins, so kann man sagen, wie alt mindestens jene Epoche sein muß, aus deren Ablagerung man das Mineral entnahm. So berechnete Lawson, daß ein Thoranit der Silurzeit 243 Millionen Jahre alt sein müsse, ein kambrisches Gestein etwa eine Milliarde Jahre; präkambrische Mineralien ergaben etwa 1500 Millionen Jahre.

So bestechend und vielversprechend nun auch diese Be-
rechnungsmethode erscheint — und sie ist sicher die exakteste,
die wir bisher besitzen, muß man sich doch fragen, ob die
Bedingungen, unter denen solche Materialien, die zudem in
Gesteinen eruptiver Natur sich finden, schon ehemals mit dem
Ausbruch der vulkanischen Schmelzmassen aus dem Erdinnern
gleich das wurden, was sie danach waren? Können nicht
auch hier Umwandlungs- und Ausbildungszeiten, Periodizitäten und Phasen nötig gewesen sein, die sich gar nicht unmittelbar dem im Laboratorium beobachteten Zerfallszustand
entnehmen lassen? Weiß man denn überhaupt, wann sich ihr
Radiumgehalt gebildet hat? Weiß man, welche Vorgänge
und Ausstrahlungen, vielleicht periodisch, aus dem Inneren
der Erde heraus wirkten, um erst späterhin solche Mineralien
in eine bestimmte atomale Struktur zu bringen? Auch wissen
wir nicht, ob nach einer gewissen Verfallszeit nicht neue Atom-
gruppierungen unvermittelt eintreten, denn es ist zu erwägen,
ob nicht solche, naturgesetzlich scheinbar starren Vorgänge von
sich aus ihre Rhythmen und Periodizitäten enthalten. Und
wenn auch keine Kraft der Welt die Helium- und Bleiproduktion
im radioaktiven Mineral ändern kann, d. h. wenn die vom
Physiker derzeit anwendbaren Methoden dies nicht vermögen,
so ist es doch an sich nicht unwahrscheinlich, daß auch in diesem
elementaren Naturvorgang Eigengesetzlichkeiten liegen, die
wir mit den geringen Erfahrungen und Zeitspannen, die wir
überblicken, gar nicht zu erkennen vermögen. Wird es immer
wahrscheinlicher, daß auch der scheinbar toten, anorganischen
Materie im letzten Kern eine eigenartige Lebendigkeit innewohnt, so ist um so mehr zu erwarten, daß auch ein Rhythmus
und ein Pulsieren jenes Geschehen beherrscht. Es scheint hier
dieselbe Begrenzung unserer Schlüsse auf einer viel zu kleinen
Basis vorzuliegen wie seinerzeit bei der Berechnung des Erd-
alters aus glutflüssigem Gesteinsbrei. Zudem haben mathematische Ansätze der Natur gegenüber nur dort Wirklichkeits-
bedeutung, wo man alle wesentlichen Voraussetzungen in die

26

Rechnung mit aufnehmen kann; andernfalls geben sie nur ein Gedankenbild der Wirklichkeit, wie sie sein könnte, wenn alles in aktualistisch eindeutigem und mechanischem Gang abliefe. Dennoch werden wir nach unserer bisherigen Erfahrung nicht in Abrede stellen dürfen, daß in dem soeben besprochenen Verfahren die bisher exaktesten Grundlagen zu einer urweltlichen absoluten Zeitrechnung enthalten sind.

Wir geben hier beistehend eine Zeittabelle der geologischen Epochen in zwei Berechnungen nach Millionen Jahren, wobei die letztere auf Erwägungen über eine mögliche Verzögerung, d. h. ehemalige Beschleunigung des Zerfallsvorganges, beruht:

Weltalter	Perioden	Etwaige Zeitdauer in Millionen Jahren		
		Dauer	Verflossen seit Beginn	nach Joly
Erdneuzeit (Säugetierzeitalter)	Jetztzeit	0	0	ca. 60
	Diluvium (Eiszeit)	1	1	
	Tertiär	54	55	
Erdmittelalter (Reptilzeitalter)	Kreide	65	120	ca. 110
	Jura	35	155	
	Trias	25	190	
Erdaltertum (Niedere Wirbeltierzeit)	Perm (Dyas)	25	215	ca. 330
	Oberkarbon | Steinkohlenzeit	35	250	
	Unterkarbon |	50	300	
	Devon	50	350	
	Obersilur	40	390	
	Untersilur	90	480	
Erste sichere niedere Tierwelt	Kambrium	70	550	
Spätere Urzeit	Algonkium	wie das ganze Erdaltertum	––	––

Sind wir, wie das Vorstehende gezeigt hat, über die Dauer der großen erdgeschichtlichen Epochen wie auch ihrer einzelnen Unterstufen annähernd nun unterrichtet, so geschah ein weiterer bedeutungsvoller Schritt vorwärts durch die Erkenntnis, daß gewisse astronomisch errechnete Strahlungseinflüsse der Sonne einer bestimmten Periodizität unterliegen und dadurch das Klima der Erde merklich beeinflussen können.

Die Berechnungen beruhen auf der Tatsache, daß sich die Erdachse in ihrer Aufrechtstellung verschiebt (Ekliptikschiefe); daß in Perioden von etwa 21000 Jahren die Erdachse auch einen Doppelkegel beschreibt und daß deshalb innerhalb dieses Zeitraumes die Winter der Nordhalbkugel einmal in Sonnennähe, einmal in Sonnenferne fallen, die Sommer natürlich entsprechend ebenso; für die Südhalbkugel gilt das gleiche; denn die Sonne steht nicht im Mittelpunkt der Erdbahn, sondern im einen Brennpunkt dieses elliptischen Kreises. Der Lauf der Erde um die Sonne ist also exzentrisch, und das Maß dieser Exzentrizität ändert sich periodisch zwischen einem Minimum und Maximum durchschnittlich in 92000 Jahren. Aus diesen Grundelementen des Verhältnisses der Erde zur Sonne ergeben sich nun periodisch wechselnde Einstrahlungsstärken des Sonnenlichtes bzw. der Sonnenwärme auf den Außenrand der irdischen Atmosphäre, und es entstehen großwellige Klimaschwankungen, die sich in der Erdgeschichte bemerkbar machen müssen.

Schon ältere Theorien hatten solche Gesichtspunkte zur Erklärung der in der Erdgeschichte mehrmals wiederkehrenden großen Eiszeiten (Kambrium, Perm, Quartär) herangezogen, aber nach den neueren Darlegungen von Köppen und Wegener können daraus nicht die Eiszeiten als solche, sondern nur ihre einzelnen Schwankungen, also der Wechsel von großen Vorstößen und Zwischeneiszeiten innerhalb derselben erklärt werden. Nun hat Milankewitsch für die letzten 650000 Jahre die Sonnenstrahlung für die Sommerhälfte in höheren Breiten errechnet und eine Kurve mit extremen Ausschlägen bekommen,

28

die so auffallend mit den bereits aus ganz anderen geologischen Forschungen festgestellten großen Vorstößen und Rückzügen des Eises während der Diluvialzeit zusammenfallen, daß hier an einer zeitlichen und damit ursächlichen Koinzidenz beider Erscheinungen nicht mehr zu zweifeln ist. Das haben dann auch die letzten Aufnahmen des Eiszeitphänomens im Lech-Iller-Gebiet mit aller Deutlichkeit noch einmal ergeben. Wir haben also hier, mit anderen Worten, eine exakte kosmische Grundlage zur Beurteilung der absoluten Zeitdauer einer größeren erdgeschichtlichen Epoche. Danach würden also rund seit dem Beginn der diluvialen Eiszeit, mithin seit dem Ende der Tertiärzeit, 700000 Jahre vergangen sein.

Freilich ist es möglich, daß sich in weiter zurückliegender Zeit andere astronomische Einflüsse geltend gemacht haben können und daß die Berechnungen sich nicht in so weit entfernte Zeiten nach dem gleichen Schema und mit der gleichen Formel durchführen lassen. Im Allgemeinen nimmt ja die Sicherheit solcher Berechnungen über hunderttausend Jahre hinaus ab, weil die unberücksichtigt bleibenden Fehler in allen derartigen Rechnungsansätzen sich auf diese Zeitentfernung hin entscheidend vergrößern. Zunächst aber besitzen wir jetzt eine möglichst exakte Grundlage, die Dauer des Eiszeitalters abzuschätzen.

Und gerade mit diesem haben wir, was die erdgeschichtliche Zeitbestimmung anbelangt, ein besonderes Glück. Es ist nämlich schon vor zwei Jahrzehnten den unermüdlichen, höchst kniffligen Beobachtungen des schwedischen Eiszeitforschers de Geer gelungen, auch den seit dem Hochstand der letzten diluvialen Eisbedeckung bis heute vergangenen Zeitverlauf geradezu arithmetisch nachzurechnen. Als in Südschweden das Eis nicht mehr vorwärtsschritt, sondern nach einem kurzen Stillstand abschmolz und sich nun ziemlich regelmäßig zurückzog, bildeten die ihm entströmenden Wasser Ablagerungen, tonige Schichten, welche je nach der Jahreszeit stärker oder schwächer sich entwickelten. Von Jahr zu Jahr wich das Eis zurück, und so wanderte auch die Ablagerung dieser Schichten mit nach Norden. Sie liegen auf ungeheuere Erstreckung dachziegelartig aneinander, die frühesten liegen im Süden, die spätesten ganz im Norden. Teilweise führen sie tierische Einschlüsse der aufeinander folgenden nacheiszeitlichen Zeitphasen. Nun ließ de Geer durch das ganze Schwedenland künstliche Aufschlüsse machen, also Gräben ziehen, welche mehr oder weniger senkrecht dieses ganze Ablagerungssystem durchschneiden, und zählte mit unendlicher Mühe und Geduld die einzelnen Schichtbänder nach, wie die Jahresringbildungen eines alten Baumes. Er kam so auf eine Zeitdauer von etwa 12000 Jahren, und man hat die Genugtuung, diese Zahlangabe nun auch auf dem anderen Wege, dem vorbeschriebenen astronomischen, noch bestätigt zu finden.

2. Die Urbesiedelung von Meer und Land.

Meer- und Landorganismen.

Die Lebewesen stehen nicht nur zur geographischen Umwelt in Beziehung, sondern auch zu der Lebenswelt selbst, denn sie sind gegenseitig voneinander abhängig. Es konnte noch kein Tierleben existieren, als es noch keine Pflanzen gab. Die ältesten Pflanzen waren wohl einzellige kleine Algen, und erst mit diesen konnte sich auch ein niederes Tierleben einstellen. Aber diese weit zurückliegende Zeit entzieht sich jeder unmittelbaren Erforschung, und was wir aus der archäischen Epoche wissen, ist nur so dürftiger Art (Abschn. 1), daß sich über die Besiedelung von Meeres- oder Landräumen in damaligen Zeiten nichts aussagen läßt.

Wenn es sich also durch das Fehlen zureichender Fossilfunde in den ältesten Schichten bisher nicht feststellen läßt, was zuerst besiedelt war, das Land, das Süßwasser oder das Meer, so dürfen wir doch als das Wahrscheinlichere ansehen die Erstbesiedelung des Meeres. Der Beweis liegt in dem typenmäßigen Charakter der niederen Tiere.

Alle niederen Tiertypen leben meist im Meer. Die kieselschaligen Radiolarien, die kalkschaligen Foraminiferen, die kieseligen, kalkigen und hornigen Schwämme, die nackten und skelettragenden Korallen, die skelettragenden Hydrozoen und die Quallen, die Tascheln, die Moostierchen und die Mollusken. Weiter wollen wir zunächst nicht gehen. Gewiß haben einige dieser Tierstämme auch ihre Vertreter im Süßwasser oder auf dem Lande selbst; aber das sind immer nur ganz wenige Formen gegenüber dem Hauptstamm im Meere; und dann läßt sich unmittelbar aus den Fossilvorkommen zeigen, daß alle diese wenigen Abzweiger erst spät ins Süßwasser oder aufs Land kamen; manche, wie die Korallen, Tascheln und Ammoniten, überhaupt nicht. Es muß also die ganze Gruppe der genannten niederen Tiertypen primär für das Meer geboren gewesen sein. Nun dürfen wir aber annehmen, daß diese niederen Typen auch entwicklungsgeschichtlich die frühesten Formen des vollentfalteten organischen Lebens waren. So wird also das Leben in seinen frühesten, niedersten Typen zuerst im Meer erschienen sein. Aber es bestehen Anhaltspunkte, daß dies für die höchst organisierten niederen Tiere, die Krebse, ebenso gilt; nur der Fisch könnte, wie wir noch zeigen werden, im Süßwasser entstanden sein. Der Vierfüßer aber unbedingt auf dem Lande selbst, wenn auch amphibisch zuerst in feuchtem Gebiet oder nach Art der Molchlarven im Süßwasser.

An der Unterschwelle der kambrischen Formation finden wir, wie wir zuvor schon dargetan, ein reiches Meeresleben, und zwar ein solches der Flachsee. Das ist der erste sichere Anhalt, den wir über die Lebensverteilung auf der Erdoberfläche haben. In der algonkischen und archäischen Formation sind Lebensspuren unsicher.

Nun erhebt sich natürlich sofort die Frage, ob man nicht wenigstens bestimmte Rückschlüsse auf die ehemalige Besiedelung der irdischen Räume in vorkambrischer Zeit aus der so vielseitig entwickelten kambrischen Meerestierwelt selbst ziehen könnte. Und es ist in der Tat auch nicht zweifelhaft, daß unmittelbar vor dem Kambrium, im Spätalgonkium, schon eine entsprechend reich entwickelte Lebenswelt existierte. Denn beispielsweise die Trilobitenkrebse (vgl. Abb. 26, S. 103) der unterkambrischen Periode zeigen vielfach die unverkennbaren Merkmale einer weitgehenden Rückbildung aus älteren Stadien. So haben wir Formen, bei denen der lange, vielgeteilte, segmentierte Körper gerade im Stadium fortschreitender Verminderung seiner einzelnen Teile sich befindet; es müssen

32

mithin Arten von ausgedehnterer Körperform, die etwas Würmerartiges an sich hatten, vorausgegangen sein. Andere Trilobitenkrebse haben Augenhöder, aber auf diesen keine Augen und keine Augenlinsen (vgl. Abb. 26, S. 103). Man deutet dies gleichfalls als Rückbildung. Nun wissen wir aus der jetztzeitlichen Tierwelt, daß die Rückbildung von Augen mit dem Leben im Dunkeln zusammenhängt, sei es nun, daß etwa gewisse blinde Molche in nächtlichen Höhlen leben oder daß Meerestiere sich in den Schlamm des Bodens einwühlen und meistens dort verharren. Eben dies läßt sich nun auch von den unterkambrischen Trilobiten mit Augenhöckern ohne Augen annehmen, zumal ihr geologisches Vorkommen deutlich ihr Leben im Schlamm beweist. Somit ist es wohl gewiß, daß sie Vorfahren hatten, die mehr an der Oberfläche im lichten Meerwasser sich aufhielten — und eben dies würde mit großer Bestimmtheit auf ein gut entwickeltes vorkambrisches, also spätalgontisches Trilobitenwesen an der Meeresoberfläche schließen lassen.

Wie das Meer besiedelt wurde, können wir also in den Anfängen nicht feststellen; wir erbliden mit der kambrischen Lebenswelt, die für unsere Kenntnis die erste ist, nur ein sehr spätes Stadium. Aber es ist doch kaum anzunehmen, daß damals nicht schon auf dem Lande selbst eine niedere Pflanzenwelt sich ausgebreitet hatte und daß mithin auch im Süßwasser, wenn auch nicht auf dem trockenen Boden selbst, ein niederes Tierleben entwickelt war. Ja es liegen gewisse Anzeichen vor, daß Süßwassertierleben möglicherweise schon im Algonkium existierte, denn in einer nordamerikanischen Schieferserie, die man als Süßwasserablagerung ansieht, sind älteste organische Reste, wenn auch ihrer ursprünglichen Gestalt und Typuszugehörigkeit nach undeutbar, gefunden worden. Für die Silurzeit darf man wohl schon mit einem Landpflanzenleben rechnen, freilich noch kaum bis zum Stadium farnartiger Gewächse gediehen. Und so wird wohl auch in dieser Epoche schon ein Landtierleben dagewesen sein, das aber erst in der Devonzeit sich nun durch Funde offenbart.

In Nordamerika und Schottland geben die Fluß- und Seenablagerungen eines alten „roten Nordlandes“ (S. 19) uns ein anschauliches und vielgestaltiges Bild jener Land- bzw. Süßwasserfauna, welche durch Typen wie die Lungenfische, die Panzerfische (Abb. 3) sowie Merostomenkrebse von teilweise riesigen Körpermaßen (Abb. 36, S. 120) repräsentiert ist. Auch sie ist schon so hochentwickelt, daß wir wiederum daraus mit Bestimmtheit auf silurisches und kambrisches Landtierleben, von dem wir noch keine Funde haben, schließen dürfen. Es sind fischartige gepanzerte Wesen und krebsartige Merostomen, auch Lungenfische, also Formen mit sehr weit

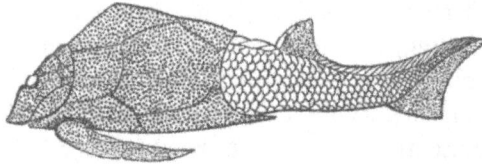

Abb. 3.
Panzerfisch der Devonzeit aus dem alten roten Nordland. Der vordere Körperteil völlig von Knochenplatten bedeckt, träger Bodenbewohner, der mit den Füßen wohl ans trockene Land stelzte. (Aus Traquair 1904.) Stark verkl.

fortgeschrittener Spezialisation, die im Trockenen aushalten konnten und dabei ihre blutgefäßreiche Schwimmblase zum Luftatmen benutzten (S. 46). So beweist uns also diese devonische Hochfauna mit ihren so weit vorgeschrittenen Typen, daß zur kambrischen Zeit, wo die erste Meerestierwelt fossil erscheint, auch gleichzeitig schon ein entsprechend niederes Landtierleben existiert haben mußte, dessen sehr vorgeschrittenes Stadium wir daher in den Ablagerungen der Devonzeit erstmalig greifbar vor uns haben.

Allgemeine Erwägungen haben einen amerikanischen Forscher zu der Annahme geführt, daß der Fischtypus gar nicht ursprünglich im Meere lebte, sondern aus Landgewässern erst dorthin einwanderte. Die Grundnatur des höheren Landtieres, sagt er, ist das Wirbeltier, und zu diesem Grundtypus

34

gehöre der Fisch. Er müsse also, wenn man an die Evolutionstheorie glaubt, von landbewohnenden Wirbeltieren herkommen, und diese werden wohl skelettlose primitivste Formen gewesen sein; sie hatten noch keine Gehextremitäten, sondern wohl nur Flossensäume und lebten vermutlich wie Amphibienlarven nur im Wasser. Früher glaubte man, daß sich die Landtierextremität von der Fischflosse ableiten lasse; heute weiß man, daß dies nicht möglich ist. Haben sich also die Wirbeltiere einheitlich entwickelt, so muß der Fisch vom Urlandtier, nicht dieses vom Urmeerfisch herkommen. Nun ist, meint unser Gewährsmann weiter, gerade die Natur des Süßwassers für die Fischentstehung besonders geeignet. Fließen ist das wesentliche Kennzeichen. Mechanisch aber kann der Fischkörper nur in einer Strömung und zugleich bei einem vom Boden unabhängigen Leben verstanden werden; nur beim Leben in einer gleichgerichteten Strömung konnte sich also die Entwicklung der typischen Fischform vollziehen. Geriet dann das so ausgebildete Wesen späterhin durch die Flußmündungen ins Meer, indem es sich physiologisch an das Salzwasser anpaßte, so wäre die Besiedelung des Meeres vom Landwasser her wenigstens für die Fischform wahrscheinlich. Dafür spreche sowohl das geologisch älteste Fischvorkommen, das wir in Landseeablagerungen finden, wie das langfristige Zurückbleiben der alten Fischtypen in diesem Element.

Es ist nun bezeichnend, daß wir in eben jenen devonischen Nordlandablagerungen, wo uns die doch immerhin schon hochentwickelten und spezialisierten Fisch- und Krebsgestalten des Süßwassers entgegentreten, nun auch die erste sichere Landtierwelt (Amphibien) und zugleich die erste sichere Landpflanzenwelt gefunden haben. Es sind teilweise moorartige Bestände, die sie bildete, und sie besteht aus ganz primitiven, wohl am ehesten auf Bärlappe und Farne zu beziehenden Gestalten (Abb. 4). Alle damaligen Pflanzen des Landes waren aber noch unbedingt auf dauernde Feuchtigkeit angewiesen, und wo heute mit Leichtigkeit eine reiche Vegetation in den gemäßigten

Gegenden den keineswegs immer nassen Boden bedeckt, konnte bei der damaligen Verfassung der Flora noch nicht ein Pflänzchen gedeihen. Infolgedessen haben wir für die vorweltlichen Kontinente bis gegen Ende des Erdaltertums mit einem teilweise wüstenartigen Landschaftscharakter zu rechnen, den „Urwüsten", die nun nicht, wie die heutigen Wüsten, infolge

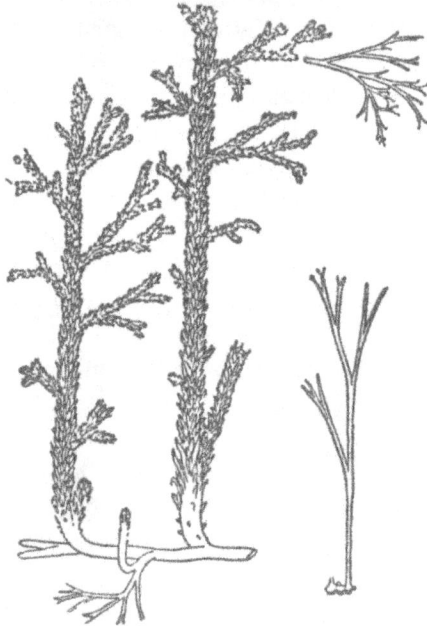

Abb. 4.
Primitivste, ben Farnen entfernt verwandte Gewächse (Psilophyton) aus dem devonischen roten Nordland. Wasserständige Pflanzen, sehr stark verkleinert. (Aus Hirmer 1927.)

dauernder Trockenheit existierten, sondern nur durch den physiologischen Zustand der Pflanzenwelt, welche Räume noch nicht zu beleben vermochte, die heute dicht bewachsen sind.

In der Steinkohlenzeit bestanden, wie im vorigen Abschnitt kurz beschrieben, weitverbreitete dichte Sumpfwälder mit einer aus teilweise baumgroßen Farnen, Bärlappen, Schachtelhalmen und sonstigen ausgestorbenen Pflanzen zu-

36

sammengesetzten Vegetation. Auch diese war, soweit sich bis
jetzt übersehen läßt, noch durchaus an wasserführende Niede-
rungen, sei es des Binnenlandes, sei es der lagunären Meeres-
küste, gebunden. Erst gegen Ende des Erdaltertums, in der
Dyas- oder Permzeit, bemerken wir in der Ausbildung der
Pflanzenwelt den ersten entscheidenden Vorstoß, den sie zur
Eroberung auch des Trockenlandes machte: die Ausbildung des
Nadelholzes. Zwar mögen auch schon in der Steinkohlen-
und möglicherweise schon in der Devonzeit gewisse moos- oder
flechtenartige dürftige Überzüge da und dort in nicht allzu
weiter Entfernung von Flußniederungen oder an Seenrändern
im Trockenland existiert haben: sicher ist, daß die höher organisierten Gewächse erst mit der Permzeit diesen Lebensraum
gewannen.

Physiologisch verständlich wird uns dieser Vorgang wohl
dadurch, daß wir uns die Wirkung der Nadel, statt des Blattes,
veranschaulichen. Die Nadel ist ihrem Wesen nach ein reduzier-
tes Blatt. Durch die Blätter atmen die höheren Pflanzen und
verbrauchen dadurch viel Wasser, das sie dem Boden entnehmen müssen. Sollte also das Trockenland besiedelt werden,
so war die Nadel geradezu der Pionier, den die Pflanzenwelt
vorausschicken mußte, um den neuen Standplatz zu gewinnen.
War dann erst einmal das Land mit Nadelgewächs bedeckt,
so konnte auch das kleine Gewächs den Boden bedecken; es
wurde die von den Niederschlägen kommende Feuchtigkeit im
Boden festgehalten, konnte nicht so rasch wieder verdunsten,
das Klima wurde verbessert — und nun konnte auf dieser
Grundlage erst das höhere Pflanzenleben seinen Aufschwung
nehmen. Wir sehen auch alsbald im Erdmittelalter, zunächst
in Form von Sagopalmen, Ginkgazeen, dann von höheren
Laubgewächsen gegen Ende des Erdmittelalters die Länder
besiedelt. Damit war der Pflanzenwelt die Eroberung der
Kontinente vollständig geglückt.

Die Pflanzen sind uns vom Erdmittelalter ab der sicherste
Indikator für die klimatischen Verhältnisse auf den Ländern.

Wir machen die auffallende Beobachtung, daß sie damals einen höchst universalen Charakter hatten. Es gibt Ablagerungen aus der Obertrias- und Jurazeit, wo dieselben Gattungen, ja fast dieselben Arten am heutigen Südpol wie in Mittel- und Westeuropa und im Norden lebten. Dazu kommt, daß auch die damaligen Land- und Meerestiere unverkennbar den allgemein warmen Charakter aller Länder und Meere beweisen, so daß wir vor der für unsere heutigen Klimabegriffe rätselvollen Tatsache stehen, daß es damals überall gleichmäßig mild, ja warm gewesen war. Eine zureichende Erklärung für diese Erscheinung ist aber noch nicht gefunden, und sie ist um so schwieriger, als doch die Erde eine Kugel ist, die stets in ihren Polargegenden von der Sonne weniger Licht und Wärme erhielt als in den mittleren Breiten und in der Tropenzone. Hier stecken noch große Rätsel für die erdgeschichtliche Forschung.

Geographische Wanderungen.

Es wechselte in der Vorzeit die Verteilung von Meer und Land, im großen wie im kleinen. Infolgedessen gab es immerfort neue Lebensgebiete, im Meer und auf den Ländern. Wo vorher Zusammenhänge bestanden, wurden sie abgeschnitten; wo vorher große Kontinente lagen, wurden sie zerstückelt; wo einheitliche Meereswannen der Lebensentfaltung ein freies Entwicklungsfeld boten, wurden sie trockengelegt. Wo vorher warme Strömungen in einem sonst kühleren Meer die verschiedenartigsten Wesen beieinander wohnen ließen, trat plötzlich wieder Tod und Untergang ein. Die Länder änderten ihre Höhenlagen, Gebirge entstanden oder Hochflächen wurden zu Wannen abgesenkt und das Meer trat allmählich oder rasch herein — kurz, man male sich die Möglichkeiten aus und man wird verstehen, daß das Leben immerfort diesen Einflüssen weichen oder ihnen durch neue Formbildungen, Wanderungen und neue Vergesellschaftungen gerecht werden mußte. So sehen wir in den aufeinanderfolgenden Zeitphasen der Erdgeschichte

38

immerfort einen Wechsel in der organischen Welt, ein Sich-einrichten und dann wieder ein ruheloses Hin und Her.

Durch diese immerwährende Umbildung der Erdoberfläche in allen ihren Teilen oder auch oftmals nur einzelner Gebiete allein aber ist die wechselnde Verteilung des Tier- und Pflanzenlebens nicht bedingt. Vielmehr liegt es in der Natur des Organischen selbst, daß es sich ausbreitet und immer neue Lebensräume zu besiedeln, zu erobern sucht. Keine Tier- oder Pflanzengattung blieb jemals auf den Platz ihrer Entstehung, ihres ersten Auftretens beschränkt. Wo und wie es nur irgend möglich war, vermehrte sie sich und dehnte ihr Wohngebiet aus; entweder durch eine Vermehrung ihrer Individuenzahl, wenn die Lebensbedingungen besonders günstig waren; oder durch Umprägung und Artbildungen, die neuen Verhältnissen besser angepaßt waren (Abschnitt 7). Solche Wanderungen unter stetiger Umbildung und Ausbildung der Gattungen eines Grundtypus sind mehrfach nachzuweisen. Ein besonders schönes Beispiel bieten die Dickhäuter vom Elefantidentypus, der in der Gegend des heutigen Ägypten mit primitiven Formen, noch ohne Rüssel und Stoßzähne begann (Abb. 38, S. 126) und sich schließlich unter steter Umbildung nicht nur in Afrika selbst und nach Südasien, sondern auch durch Nordasien und Europa und, nach den damaligen Landzusammenhängen, über den äußersten Nordosten Asiens nach Nord- und Südamerika verbreitete (Abb. 5). Nur von Australien hielt er sich fern, das damals abgetrennt war.

Gerade diese Abtrennung Australiens von der übrigen Welt hatte zur Folge, daß sich dort der ältere, niedriger organisierte Typus des Säugetieres, das Beuteltier, halten konnte. Während in der Tertiärzeit alle übrigen Länder von den höheren Säugetieren besiedelt wurden und diese sich üppig entfalteten, blieb das abgesperrte Australien ohne deren Einwanderung überhaupt, und nun entwickelte sich dort das durchdauernde erdmittelalterliche Beuteltier zu ähnlichen Gestalten (S. 57). So läßt sich aufs deutlichste der Zusammenhang zwischen geographischen Verhältnissen und Besiedelung der Erdoberfläche verfolgen.

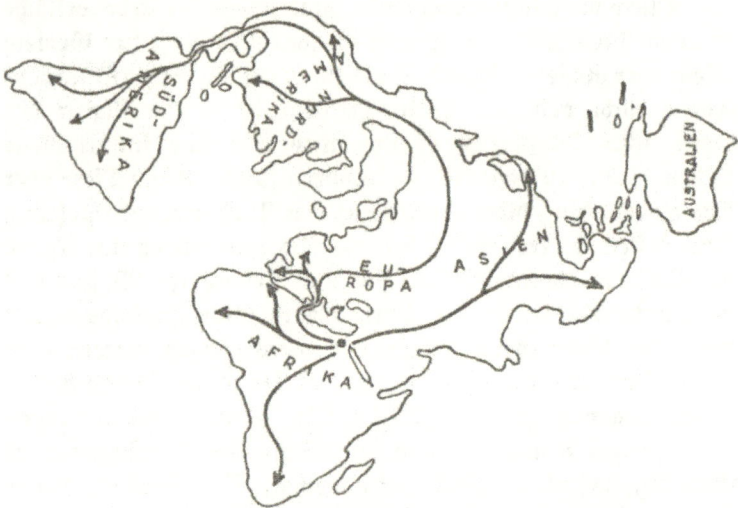

Abb. 5.
Die Ausstrahlung der Mastodonten, einer primitiveren Elefantibengruppe (Proboscidier), aus ihrem Entstehungszentrum Ägypten in die übrige Welt. Die Kontinente noch nicht in den heutigen Umrissen. (Aus Osborn 1925.)

Wenn neue Inseln aus dem Meere auftauchen, etwa Vulkaninseln, oder wenn verschüttete Inseln neu besiedelt werden, oder wenn Korallenriffe gehoben werden und nun zunächst als vegetationslose Eilande daliegen, so wandert alsbald aus nächstbenachbarten Gebieten das Leben ein. Meeresströme bringen Larven von anderwärts küstenbewohnenden Tieren herbei, durch die Lüfte kommen, sei es verweht, sei es fliegend, Insekten und Vögel herbei; widerstandsfähige Samen werden hergeweht oder auch vom Meer aus anderen Gegenden ans Land gespült, wo sie alsbald keimen; im Kot und Gefieder der Vögel werden kleine Lebewesen oder auch Pflanzensamen mitgebracht, ja Landschnecken und kleines Getier können über weite Meeresräume auf Tangmassen oder auf losgerissenem Holz weit verfrachtet werden.

40

Es ist nun bezeichnend, daß gerade die landfernsten Inseln besonders viele, ihnen allein eigentümliche Tier- und Pflanzenarten besitzen, und zugleich auch Typen, die einen Transport zur See, etwa durch Treibholz, kaum bestehen. Man deutet diese Erscheinung so, daß der Mangel an Nachschub die ehemals ersten Ankömmlinge sofort isolierte, so daß sie sich ohne spätere Vermischung mit ihresgleichen alsbald spezialisieren konnten. So sollen die Landschnecken auf den mittelatlantischen Inseln besonders eigenartig sein, weil die landbewohnenden Schnecken am seltensten über das Meer verfrachtet werden.

Nun sind manche Inseln und Inselgebiete Reste ehemaligen Festlandes, von dem sie durch Niederbrüche einmal getrennt wurden. Je früher in der Erdgeschichte dies geschah, um so eigentümlicher ist jeweils eine solche Inseltier- oder -pflanzenwelt, um so weniger zeigt sie Arten anderer Gegenden. Das kann so weit gehen, daß selbst festlandsnahe Inseln eine ganz andere Organismenwelt beherbergen als das gegenüberliegende Festland. Aber es können auf Inseln auch Gattungen einheimisch sein, die früher auch auf den gegenüberliegenden Festländern lebten, dann aber dort ausstarben und sich nur noch auf den abgetrennten Inseln, frei von aller sie beeinträchtigenden Konkurrenz jüngerer Einwanderer, hielten. Heutzutage ist allerdings viel von diesen natürlichen Gegebenheiten durch die Tätigkeit des Menschen verwischt, der absichtlich und unabsichtlich alle Arten von Tieren und Pflanzen bis herab zu den Bakterien verbreitete. Wir brauchen nur daran zu denken, daß Australien vor der Besiedelung durch den Europäer kein höheres Säugetier barg, sondern nur die niederorganisierten Beuteltiere, mit einer einzigen Ausnahme: dem australischen Hund, dessen dortige Existenz unter den Wilden noch ganz rätselhaft bleibt und wohl auf uralte Einwanderung von Asien her durch den Urmenschen deutet.

So können umgekehrt Inseln, ja auch größere Gebiete von mehr kontinentalem Ausmaß eben durch den Grad der

Verschiedenheit und der Eigentümlichkeit ihrer Tier- und Pflanzenwelt daraufhin beurteilt werden, wie lange schon die ehemaligen Kontinentalzusammenhänge etwa aufgelöst sind, denen sie zugehörten. Auf den drei großen Sundainseln Sumatra, Java und Borneo leben beispielsweise, wie auf dem gegenüberliegenden asiatischen Kontinent, verschiedene höhere Säugetiere (Rhinozeros, Tapir, Hirsch, wilder Hund, Katzen usw.). Dies sind lauter Formen, die ursprünglich auf den drei Sundainseln nur dann vorhanden sein können, wenn diese Inseln vor noch nicht allzulanger geologischer Zeit mit Asien verbunden waren. Denn da die Gattungen beiderseits gleich sind, so müssen diese schon voll entwickelt gewesen sein, als sich die Inseln vom asiatischen Land abtrennten, sonst hätten sie sich hüben und drüben unterschiedlich entwickelt. Wir wissen aber genau den erdgeschichtlichen Zeitpunkt, wo diese Entwicklung sich vollzog, nämlich um die Mitte der Tertiärzeit — und so können sich die drei genannten Großinseln nicht früher von Asien getrennt haben. Es ist ausgeschlossen, daß etwa der Urmensch jene Tierformen einmal herüberbrachte oder daß sie schwimmend von Asien her die Inseln erreichten; so müssen wir folgern, daß sie eben einst zu Land sich ausgebreitet haben, müssen mithin auf den Landzusammenhang schließen.

Im vollen Gegensatz dazu steht Madagaskar, das keine Gattungen aufweist, die den gegenüberliegenden afrikanischen Kontinent bewohnen. Die wenigen Formen, die afrikanischen gleich sind, wurden nachgewiesenermaßen eingeführt oder konnten, wie eine bestimmte Fledermausart, unmittelbar durch die Luft dahin gelangen. Aber gerade die höheren Säugetiere Madagaskars gleichen keineswegs afrikanischen Arten. Es sind Zibetkatzen, Insektenfresser, Nagetiere und besonders die merkwürdigen Halbaffen. Gehen wir nun in der Erdgeschichte weiter zurück, so gleichen die madagassischen Landsäuger auch nicht etwa tertiärzeitlichen Arten des afrikanischen Gebietes; aber auch nicht etwa solchen Indiens. Dagegen treffen wir unter ihnen solche, die der entfernteren polynesischen Tierwelt

42

entfprechen. Madagaskar hing so spät aber gewiß nicht mit einem etwaigen polynesischen Kontinent zusammen, von dem jene Inseln vielleicht Reste sind. Jene Tiere sind Einzelgestalten. Und von ihnen müssen wir also annehmen, daß sie durch natürliche Flößung, also auf abgetrifteten Waldpartien oder Schwemmholzmassen durch Meeresströmungen beigebracht wurden. Denn hätte eine Landverbindung zwischen Polynesien und Madagaskar ehedem bestanden, so würden es nicht nur vereinzelte Formen, sondern es müßte die Gesamttierwelt die gleiche sein, so etwa, wie wir es oben von den Sundainseln und Asien darstellten.

Madagaskar muß also seit unvordenklicher Zeit von Afrika abgetrennt gewesen sein, so daß sich nicht nur eigentümliche alte Formen dort finden, sondern solche, die sich auch in ganz eigenartiger Weise ausbilden konnten. So bewohnten zwar die merkwürdigen Halbaffen in der Tertiärzeit andere Kontinente, während die madagassischen einen ganz bestimmten Spezialstamm bilden, der sonst nirgends, weder lebend, noch fossil, zu finden ist. Es ist hier somit eine sehr frühe Isolierung eingetreten, d. h. Madagaskar ist schon weit länger als die drei großen Sundainseln von seinem Kontinentalgebiet, dem afrikanischen, getrennt. Vielleicht lag dieser Zeitpunkt schon am Ende des Erdmittelalters, woraus man dann wieder, wie aus einigen anderen Anzeichen, umgekehrt wird schließen dürfen, daß schon zu jener sehr frühen Zeit die erst im Alttertiär deutlich getrennten höheren Säugetiertypen differenziert waren und schon weltweite Verbreitung hatten. Noch rätselhafter aber wird die Sache durch das Vorkommen zweier Schlangengattungen auf Madagaskar, die ihresgleichen nur noch in Südamerika und auf den atlantischen Antillen haben. Durch das Meer können sie auf diese ungeheure Entfernung nicht hergekommen sein; vom Menschen sind sie auch nicht hergebracht worden; so bleibt nur die Annahme, daß sie gegen Ende des Erdmittelalters noch weltweit verbreitet waren. Dann wurden die Großkontinente, auf denen sie lebten, zer-

riſſen, ſind teilweiſe verſchwunden, was wir auch aus anderen
Gründen beſtätigt finden — und ſo blieben ſolche Formen an
ſo verſchiedenen Stellen der Erde übrig, wo ſie bisher noch
Schuß genug fanden, um nicht ganz auszuſterben. Es konnte
aber auch eine Verbindung von Madagaskar nach Südamerika
beſtanden haben, die weder über Afrika, noch über Indien,
noch über die Südſee, noch über den Stillen Ozean ging,
ſondern über das Südpolargebiet, das ein großer Kontinental-
reſt und erſt ſeit kürzeſter geologiſcher Zeit vereiſt iſt.

So baut ſich Schluß auf Schluß auf, und ſo kann man es
auch für andere Inſelgebiete, ja für den ehemaligen Zuſammen-
hang ganzer Kontinente durchführen. So wiſſen wir, daß
ehemals Südamerika und Afrika irgendwie zuſammenhingen,
daß Auſtralien, Indien und das Südpolargebiet zuſammenhingen; daß ein großer nordatlantiſcher Kontinent ſich aus
Finnoſkandinavien nach Kanada erſtreckte. Es ſind außer rein
geologiſchen Gründen ſtets die Ergebniſſe tier- und pflanzen-
geographiſcher Vergleiche, die uns ſolche Schlüſſe zu ziehen
erlauben — und wir erhalten auf ſolche Weiſe allmählich ein
Bild der Urgeographie. Es greift aber auch, wie man ſieht,
die Beſiedlung der Länder und Inſeln durch die Tier- und
Pflanzenwelt ſtreng ineinander mit der geographiſchen Ge-
ſtaltung der Erdoberfläche, und wir ſehen daran wieder die
ungeheueren Veränderungen, welche ſich im Lauf der erdge-
ſchichtlichen Zeiten im Bau der Erdoberfläche und in ihren Be-
wohnern abſpielten.

Entſtehungs- und Rückzugsplätze.

Jede Formengruppe nun hat auf der Welt irgendwo ihr
Entſtehungszentrum. Für viele Tiertypen ſcheint es Zentral-
aſien geweſen zu ſein, und man neigte früher dazu, dort überhaupt das Entſtehungsgebiet der höheren Tierwelt zu ſuchen.
Aber das iſt doch eine zu ſehr auf jetztweltliche geographiſche
Karten abgeſtellte Betrachtung. Denn im Erdmittelalter und
auch noch lange in der Tertiärzeit waren ja die Kontinente

44

teilweiſe viel ausgedehnter als heute; andere lagen noch zu
einem guten Teil unter Meer. Insbeſondere war der Norden
noch durch das nordatlantiſche Landgebiet und eine ganz andere
klimatiſche Begünſtigung als ſpäter und heute wohl ein aus-
gezeichnetes Entſtehungszentrum für höhere Tierformen, und
auch im Stillen Ozean lagen damals vermutlich noch Land-
gebiete, worauf ſich neue Tiertypen bilden mochten. Im allgemeinen erſcheint ja der Norden inſofern wie ein Ausgangs-
gebiet, als nachgewieſenermaßen durch das Hereinkommen des
ungünſtigen Klimas und der andersartigen Beleuchtungs-
verhältniſſe des Polargebietes ſich früher weltweit verbreitete
Tiere und Pflanzen, ſowohl des Landes wie auch des Meeres,
von dort aus immer weiter ſüdwärts zurückzogen, um ſchließ-
lich heute in den gemäßigten Gegenden oder in den Tropen
übrig zu bleiben. So ſind die wärmeliebenden Korallen im
Laufe der Erdzeitalter mehr und mehr auf ſüdlichere, alſo
tropiſche Gegenden beſchränkt worden; Meereskonchylien,
die wir heute in den Subtropen oder im Indiſchen Ozean
finden, lebten damals noch in Weſteuropa. Die einſt weitverbreitete Nautilusform, die meſozoiſchen Trigonien unter den
Muſcheln, die Rhynchonellen unter den Taſcheln, einige Seelilien und Hornſchwämme ſind auf dieſe Weiſe ſeit der Tertiärzeit in unſeren Breiten und auch anderwärts zuſehends oder
ganz verſchwunden; wir finden ſie aber heute noch lebend im
Gebiet des Indiſchen und ſüdlichen Pazifiſchen Ozeans oder
nur noch in der Tiefſee, wohin ſie ſich zurückzogen. Krokodile
und ſonſtige Echſen als beſonders wärmeliebende Weſen waren
früher weithin in unſeren Breiten verteilt; Dickhäuter und
Affen lebten in Europa, Nordaſien und Nordamerika, die doch
heute tropiſche Tiere ſind.

Nicht dieſelbe Erſcheinung, aber doch ihr ſehr ähnlich in
der Auswirkung iſt die eigentümliche Zuflucht, welche uralte
Tierformen in den Südſpitzen der Kontinente gefunden haben.
Ein Blick auf den Globus zeigt uns, daß die Hauptmaſſe des
kontinentalen Landes auf der Nordhalbkugel angeſammelt iſt,

45

daß sich aber nach Süden das Land mehr und mehr verliert. Das hat sich allmählich so ausgebildet. Denn im Erdaltertum und teilweise noch im Erdenmittelalter waren auch im Süden ausgedehnte Länder (s. Abb. 1). Aber indem sich nun die Nordlandteile anreicherten, konnte dort die oben geschilderte reiche Entwicklung eines höheren Tierlebens vor sich gehen, und so blieben die alten Typen auf die Südrestmassen beschränkt. Die alten Lungenfische der Devonzeit, einst weltweit verbreitet (S. 34) leben dort; die vorhin erwähnten primitiven Beuteltiere blieben in Australien und vereinzelt in Südamerika übrig; auf Neuseeland lebt noch eine kleine Echse aus der Jurazeit, die damals in unseren Gegenden vorkam; ja auch der niedere Mensch lebt oder lebte als Feuerländer und Australier noch in diesen äußersten Kontinentalspitzen.

Ein großes Problem der Erdgeschichtsforschung ist auch die Besiedelung der Tiefsee. Unter Tiefsee versteht man die jenseits des Kontinentalrandes liegende lichtlose Tiefe von durchschnittlich 3—500 m ab. Oberhalb ist das Wasser noch einigermaßen durchleuchtet, wenn auch bei 300 m Tiefe schon düster. Dann wird es dunkel. Man unterscheidet Flachmeere, die noch auf den Rändern der Kontinente liegen, wie etwa die Nordsee und die Hudsonbai; dagegen Weltmeere oder Ozeane, welche jenseits des Kontinentalsockels sich ausbreiten und gegen denselben ziemlich steil abgegrenzt sind. Es liegen nun gewichtige Anhaltspunkte vor, daß diese weite Tiefsee nicht zu allen Zeiten schon entwickelt war, sondern verhältnismäßig spät — erst von der Oberkreidezeit ab — im Zusammenhang mit der damals einsetzenden alpinen Gebirgsfaltung der ganzen Erde sich so ausprägte, wie wir sie heute erkennen. Früher gab es weit mehr Zwischenmeere zwischen den damals noch unausgeprägten und wenig konsolidierten Hauptfestlandskernen; vielleicht hat auch die Wassermenge auf der Erdoberfläche irgendwie Zuwachs erfahren — kurzum, die Tiefsee und damit ihre Besiedelung dürfte einer recht späten erdgeschichtlichen Entstehung sein.

46

Nun erfordern die eigenartigen Lebensverhältnisse in diesen abyssischen Räumen auch eine besondere Ausgestaltung des Lebens. Denn unter dem hohen Wasserdruck und in der absoluten Finsternis müssen die Tierkörper ihre besonderen Einrichtungen haben. Soweit nun das Tiefseeleben bis heute erforscht werden konnte, besteht es keineswegs aus eigenartigen Gestalten, die wir sonst nicht kennen würden; vielmehr bietet es unter den niederen Tieren teilweise eine Auswahl von Gattungen oder Typen, die wir im Erdmittelalter noch droben in der lichtdurchflossenen Flachmeerzone finden. Seelilien, Seeigel, Krebse und Schwämme vor allem sind es, und so muß dieses rätselhafte Untergrundgebiet erst seit Ende des Erdmittelalters, wo diese Formen aus den Flachmeerschichten verschwanden, besiedelt worden sein, von oben her. Eine vergleichende Untersuchung der Meereskrebse des Erdmittelalters und der heutigen ergab nach Beurlen, daß seitdem drei „Vorstöße" dieser Tiergruppe in die Tiefsee stattfanden; und Abel endlich hat nachgewiesen, daß die Tiefseefische großenteils tertiärzeitlichen Typen angehören, mithin erst von dieser Zeit ab in die Tiefsee eingewandert sein müssen. Vorweltliche Tiefseeablagerungen kennen wir aus dem Baugerüst der Erdrinde nicht, und wenn es je in älteren Epochen schon vereinzelte Tiefseeregionen gab, so dürften sie wohl damals schon im Gebiet der heutigen Ozeane, niemals aber in meerüberdeckten heutigen Kontinentalgebieten gelegen haben.

Wenn wir so in den erdgeschichtlichen Daten und in der äußeren Verbreitung der Tierarten auch die Besiedelung und die Einwanderungen sehen und gewissermaßen statistisch nach dem ehemaligen und derzeitigen Vorkommen auf ehemalige Wanderungen schließen; und wenn wir weiter annehmen, daß nur das Öffnen oder das Schließen von Wanderwegen und Landflächen die Ursache der Verbreitungsbewegungen war, so will uns das doch nicht genügend erscheinen. Denn in der Tierwelt leben ja auch Instinkte, Fernfühligkeit, die bei diesen teilweise die Erde umspannenden Erscheinungen noch

47

nicht mit in Rechnung gesetzt sind, wenn wir nur bei den erstgenannten Erklärungen verharren.

Es ist doch eine allbekannte Tatsache, daß es Zugvögel gibt, welche jährlich, also kurzfristig, das wiederholen, was auf Jahrtausende und Jahrzehntausende sich uns in den Wanderungen ganzer Arten darstellt. Wir wissen weiter, daß viele Tiere einen sicheren Instinkt dafür haben, ob und wann etwa ein früher Winter kommt, d. h. um welche Zeit in einer nahen Zukunft sie sich so oder so zu verhalten haben; und sie handeln danach. Nicht nur beim Wanderflug die Vögel, sondern auch Landtiere, die an Ort und Stelle bleiben, richten sich entsprechend ein. Hier liegt ein zeitliches Ferngefühl vor, das uns selbst nicht gegeben ist. Sollte nun nicht auch eben dieses Ferngefühl ganze Tierstämme bzw. Gattungen veranlassen, etwa klimatisch günstigere Regionen zu wittern und sich dorthin in Bewegung zu setzen? Das tun sie nun nicht, indem sie als Herden wandern, sondern die Gattung als solche, die übergeordnete Gattungsseele, die in jedem Einzelindividuum lebt und wirkt, tut es durch eine immer weitere Ausstreuung der Individuen oder der Arten. Es wäre dies ein übergeordnetes unbewußtes Handeln und würde uns Wanderungen erklären können. Zudem mag man auch an kosmische Einflüsse denken, vielleicht an magnetische Ströme, wofür die Tiere etwa Sinne haben und die ihnen auch Wanderbahnen recht fühlbar vorschreiben könnten.

48

3. Bauformen der organischen Natur.

Die Grundtypen.

Eine Übersicht über das gesamte Lebensreich, über Tiere und Pflanzen, zeigt uns eine gewisse Gruppierung verschiedener Grundorganisationen oder Typen, denen alle Geschöpfe in ihrer mannigfaltigen Abwandlung unterliegen. Jedes lebende Wesen, ob Pflanze oder Tier, hat in sich gewisse Grundzüge der Organisation, trägt in sich einen gewissen grundlegenden Bauplan, der sich bei aller Mannigfaltigkeit der Arten und Einzelabwandlungen immer wieder als beständig und durchdauernd erweist. Infolgedessen kann man das Tier- und Pflanzenreich in bestimmte Grundtypen oder, wie man anschaulicher sagt, Stämme einteilen, die sich sozusagen als ebenso viele einzelne verästelte Bäume in der Wirklichkeit darstellen. Auch das gesamte Lebensreich gleicht so einem „Stammbaum", dessen Äste und Zweige die wirklichen, naturhaft gegebenen Gattungen und Arten sind (Abb. 42, S. 175).

Der Grundstock jedes Organismus ist die Zelle. Es gibt Tiere und Pflanzen, die zeitlebens auf dem Stadium der Zelle verharren und bei allem etwaigen Größenwachstum, worin sie, wie ein Teil der Algen, verzweigten höheren Pflanzen gleichen, dennoch in sich nur eine ausgeweitete Zelle sind. Dagegen haben alle anderen Tiere und Pflanzen einen aus der zahllosen Vermehrung und Abdifferenzierung einer Keimzelle hervorgehenden Körper, so daß alle Organe und Körperteile eben durch diesen Zellvermehrungvorgang entstehen und durch Formänderung und Arbeitsteilung nun unterschiedene

Zellkomplexe sind. Auch alle Hartteile sind Ausscheidungsstoffe der Zellen.

Ein höherer Organisationsgrad entsteht in der äußeren Folge der Erscheinungen immer daraus, daß sich zuerst eine Vermehrung gleicher Teile in oftmals geradezu stereotyper Vielheit zeigt; man betrachte nur einen Regenwurm mit seinen Körperringen, von denen jeder innerlich dieselben Organe bzw. Organteile enthält. Auch das Wirbeltier ist so aufzufassen, indem seine gleichartig aufeinanderfolgenden Wirbel nur der sichtbare Ausdruck für eine auch in den Weichteilen ebenso gleichartige Vervielfältigung sind. Diese Erscheinung, Metamerie genannt, nimmt man beim Wurm am besten wahr, weniger beim Krebs, noch weniger beim höheren Wirbeltier, wo sie sich nur noch in der Wirbelsäule selbst deutlich ausprägt. Ein jeweils höherer Typus aber ist äußerlich dadurch bestimmt, daß zu dieser Vermehrung der Teile zugleich eine erneute Konzentration derselben kommt, gleichzeitig aber auch eine erhöhtere Differenzierung der so konzentrierten Organkomplexe gegenseitig eintritt. Insofern ist das Wirbeltier „höher" als etwa der Wurm, eben weil es bei starker ursprünglicher Vermehrung gleichartiger Teile schon wieder eine innere Zusammenziehung, Geschlossenheit und Ausdifferenzierung der vielen Einzelstücke zu vollendeteren Organen erfuhr. So geht die Umwandlung in das höhere Typenstadium, äußerlich besehen, auf der Grundlage einer Material- und Teilevermehrung vor sich. Aber über diesem quantitativen Reicherwerden muß der innere Zug zur Verwertung lenkend stehen. Und zudem zeigt jeder neue Typus auch eine neue Lagebeziehung der Grundorgane, eine neuartige Körpertopographie.

Wie sich die Zellen aus dem Einzellerstadium heraus zunächst gleichartig vermehren und dadurch ein Individuum zustande bringen, das selbst im Typus der höheren Tiere stets aus einer verschmolzenen Mutter- und Vaterzelle hervorgeht; wie sich die Reihenfolge der Typen selbst als hervorgegangen

50

aus dem einzelligen Tiertypus veranschaulichen läßt, so gibt es eine entsprechende Vermehrung nicht nur der Zellen, sondern auch der Individuen selbst in der Kolonie- und Staatenbildung. Unter den niederen Wassertieren des Meeres und Landes gibt es pflänzchenhafte Wesen, die Hydrozoen. Sie wachsen, festsitzend durch Zellvermehrung, bilden Knospen, die sich abschnüren und als freischwebende Quallen davonschwimmen. Diese senden, geschlechtsreif geworden, Larven aus, die sich alsbald wieder festsetzen und zum knospenden Hydrozoenstock wieder auswachsen. Es gibt auch Abänderungen dieses Kreislaufes, indem sich Quallen bilden, die aber nacheinander im Verband entstehen, beisammenbleiben,

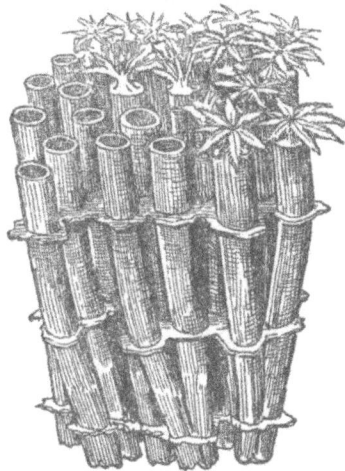

Abb. 6.
Schematischer Ausschnitt aus dem Stock einer Orgelkoralle. Die einzelnen Röhrenzellen gehen durch Knospung auseinander hervor und enthalten Polypen, welche den Kalt des Stockes ausscheiden. Etwas vergr. (Aus Brehm 1925.)

einen Stock mit zunächst gleicher Vielheit der Individuen bilden. Aber alsbald differenzieren sich die Glocken: die eine wird zur Schwimmblase für die ganze Kolonie, die andere zum Freßpolypen, die dritte zum Geschlechtsträger und so fort. Ähnlich entwickeln sich auch die Korallen (Abb. 6). Koloniebildende Tiere spielen in der Erdgeschichte insofern eine besondere Rolle, als sie durch ihre Kalkbauten das Gesteinsgerüst der Erdrinde mit aufbauten; auch kalkabscheidende niederste einzellige Algenpflanzen beteiligten sich daran.

Hier ist sozusagen der erste Versuch der Natur, aus der Vermehrung von Individuen eine höhere Gemeinschaft zu bilden. Bei den Staaten der Ameisen und Bienen ist ja eine ähnliche Arbeitsteilung eingetreten, beim Menschen auch, was diese Gemeinschaften von der bloßen Herde unterscheidet. So bildet uns auch hier die Natur ein Beispiel vor, dem wir in unserem Menschendasein von innen her seine Bedeutung beilegen können; denn auch über uns waltet das biologische Gesetz der Vermehrung. Wenn sie nicht begleitet ist von der inneren Konzentration und Differenzierung ins höhere Organische, werden wir zur Herde und zur Masse.

Besieht man die organische Formenwelt nach ihren bauplanmäßigen Vollkommenheitsgraden, so ist sie zugleich der Ausdruck einer ideenhaften Abstufung, worin jedes in einer Skala der Formenwerte seinen bestimmten Platz kraft seines inneren Formwesens einnimmt. So ist die organische Formenwelt zugleich Spiegelung eines ordnenden Geistes, wie ihn der Mensch in sich selbst erlebt und begreift. Demgegenüber steht die biologische Abstammungslehre, die nur noch das grenzenlose Ineinanderfließen der Gestalten zu erweisen sucht, jeden Begriff der höheren, von innen bestimmten Ganzheit, der ursprunghaften Formidee in dem Typus vermissen läßt und in allen Formgestaltungen einen mehr oder minder zufällig sich ergebenden Anpassungsprozeß an die äußeren Umstände sehen möchte. Daraus will sie die Entstehung der Typen ursächlich erklären. Aber das Lebendige hat in seiner Grundgestalt eine innere Ursache, hat eine geistige Bedeutung, und so haben es seine Einzelgrundformen und Typen auch. Jeder organische Typus ist eine Grundidee der Natur, eine Urform. Wir haben uns ganz entwöhnt, um dieses Beständige zu wissen, jene lebendige Entelechie zu begreifen, die sich in der Naturerscheinung dargibt.

Zugleich aber ist jeder Typus auch ein Ausdruck für die metaphysische Zeit. So wie er sich gestaltet und umgestaltet, ist er das Symbol eines inneren Zustandes der Natur, der äußerlich in der historischen Zeitabfolge zur Erscheinung kommt und den metaphysischen Inhalt der „Zeit" bezeichnet. Wir sprachen oben schon davon. Denn läßt man die Organismen-

52

folge in den erdgeschichtlichen Zeitaltern und ihren einzelnen
Unterabteilungen, ja in den kürzesten Zeitphasen an sich
vorüberziehen, so überrascht es uns, zu sehen, daß auch in der
zeitlichen Folge des Auftretens der Typen und Untertypen
eine gewisse Gesetzmäßigkeit herrscht. Denn ersichtlich kommen
im Lauf der erdgeschichtlichen Zeiten höhere Organisationen
zum Vorschein. Die ältesten deutlichen fossilen Tierwelten,
die wir kennen, enthalten, wie (S. 32) erwähnt, nur niedere
Tiere bis etwa herauf zum Organisationsgrad der Krebse;
etwas später erst werden die höheren Tiere sichtbar, als erste
die Fische (S. 34). Dies alles bezeichnet die frühere Hälfte
des Erdaltertums. Dann kommen die ersten amphibischen
Landtiere, dann die etwas höher organisierten Kriechtiere
oder Reptilien. Diese Organisationsstufe wird beibehalten
bis ans Ende des Erdaltertums. Im Erdmittelalter kommen
alsbald primitivste Säugetiere von einem noch sehr niedrigen
Organisationsgrad hinzu, um mit der Beuteltierorganisation
vom Charakter des Kängurus und des Opossums etwa bis in
das Enddrittel des Erdmittelalters durchzudauern. Dann erscheint das erste höhere Säugetier, um sich sodann in der
Tertiärzeit unter Zurückdrängung der zuvor im Erdmittelalter
unvorstellbar mannigfaltigen Reptiltierwelt und der niederen
Säugetiergrade in einem heute nur noch zu ahnenden
Formenreichtum auf der Erde zu entfalten — bis dann zuletzt mit dem Ausklang der Erdneuzeit, mit der Eiszeit, sich
die ersten sicheren Menschenreste (Abb. 46, S. 203) nachweisen
lassen.

So wird jeder organische Typus, aber auch jede Abwandlung, die er im Gang der Erdgeschichte erfährt, zugleich ein
Symbol der Zeit, und daher kommt es, daß durch die Entfaltung des organischen Reiches sich auch die geologischen
Schichtungen in ihrer Altersfolge festlegen lassen. Doch nicht
nur die Typen an sich, sondern auch die Art und Weise, wie
sie ihre Urform zur Schau stellen und immer wieder neu um-
schreiben, ist Ausdruck der Zeit.

Nachahmungen bei Typen.

In der organischen Natur kommt nicht nur im Lauf der Zeiten eine abwechselnde Mannigfaltigkeit der Abwandlungen in allen Typen ans Tageslicht, sondern es gibt auch quer durch die Typengrundlage hindurch gewisse Baustile, nach denen die Abwandlungen als solche gestaltet werden. Denn so, wie innerhalb von Kulturkreisen in bestimmten Zeiten ihrer Entwicklung bestimmte Lebensstile, Baustile, Arbeitsstile, technische Leistungsarten, soziale und geistige Formen des Daseins vorhanden sind, und man daher sogar aus hinterlassenen Bruchstücken die Entstehungszeiten zu erkennen vermag, so herrschten zu gleichen geologischen Zeiten in den verschiedenen Gruppen der Tiere und Pflanzen, während sie ihre äußeren Entwicklungs- und Umformungsbahnen durchliefen, gleiche biologische Baustile. Es entwickelte sich in verwandten wie in nichtverwandten Gruppen eine gleichsinnige Formenbildung, oft bis ins kleine und einzelne gehend auch spezielle Baustrukturen und Einzelorgane. Es gab jeweils nicht nur eine Zeitsignatur, sondern immerfort viele, die eben verschiedenen Typen in ihrer Weise zukamen und an ihnen sich mehr oder weniger verdeutlichten und vollendeten. Es wird daher in den einzelnen geologischen Epochen nicht jede Gruppe, nicht jeder Typus jeweils nur von einer einzigen, enger bestimmbaren Zeitformenbildung ergriffen, sondern von mehreren. Einige Gruppen zeigen in ihren Abwandlungen eine bestimmte Baueigenschaft etwa in klassischer Vollendung, andere weniger deutlich; dafür nehmen sie noch an der einen oder anderen teil; andere zeigen wieder anderes, in ihrer Art, rein und vollendet. Und so verebben die verschiedenen Formenbildungen voreinander und es entsteht ein oft unübersehbares Gemisch von Formbildungen, die alle durch Übergänge verbunden sind und daher oft auch die Grundtypen abstammungsmäßig zu verbinden scheinen.

Eine etwa aus mehreren Gattungen bestehende Gruppe, die für sich einen geschlossenen Formtypus ausmacht, kann in

54

ihrer Mannigfaltigkeit auch noch die eine und andere Gattung ausbilden, welche merkwürdigerweise dieselbe Tracht und denselben Baustil trägt, wie ihn eine nichtverwandte andere Gruppe als ihr naturgemäßes Entwicklungskennzeichen von Grund aus hat. Manchmal sind die so erfolgenden Gestaltenbildungen äußerlich schon leicht als „Nachahmungen" zu verstehen; zuweilen sind sie aber derart den nachgeahmten angeglichen, daß man beide kaum als unterschiedliche Typen zu

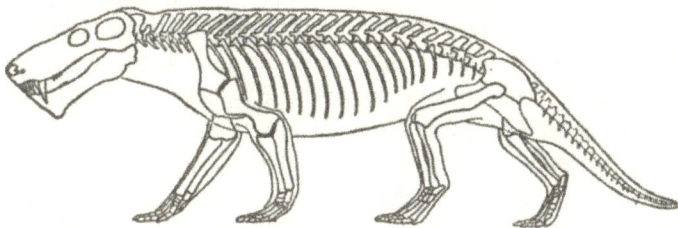

Abb. 7.

Nachahmung einer Säugetiergestalt durch eine Echse des späten Erdaltertums. Das Tier war äußerlich hunde- oder fuchsartig, auch das Gebiß ist in sich differenziert, was die Säugetierähnlichkeit noch erhöht. Perm-Triaszeit. Südafrika. (Aus Broili-Schröder.)
Stark vertl.

erkennen vermag. Auch dadurch also entstehen Mischformen, die nun, weil sie Merkmale sonst wohlunterscheidbarer Gruppen in sich vereinigen, auch als Abzweigungspunkte am Lebensbaum im deszendenztheoretischen Sinn angesprochen werden. Wenn etwa die Rhinoceroten in der Mitteltertiärzeit einen Pferdetyp herausstellen; wenn das Reptil im Erdmittelalter eine Vogelgestalt oder am Ende des Erdaltertums einen Säugetiertypus (Abb. 7) ausbildet, so sind dies eben Formen, welche dazu verleiten, in ihnen Verzweigungsstellen wohlgetrennter Äste des Lebensbaumes zu sehen.

Wenn ein neuer Grundtypus in einem erdgeschichtlichen Zeitalter erscheint, gibt er sozusagen das Motiv an, nach dem gerade um diese Zeit ein neuer Baustil sich gestaltet, eine neue Melodie zum Grundthema des Lebens wird. Da ahmt dann eine größere oder geringere Zahl vorher schon dagewesener, einem

ganz anderen Grundtypus angehörender Formen dieses
Neue irgendwie nach oder sie nehmen seine Gestalt etwas
voraus. Sie ziehen fälschlicherweise das neue Kleid, die neue
Tracht an, die ihnen jedoch von innen her, d. h. typenmäßig,
nicht zukommt und die bei ihnen daher auch nie ganz dasselbe
werden kann. So wenn ein Reptil zum Vogel oder ein Fisch
zum Amphibium oder ein Reptil zum Säugetier zu werden
scheint, von allerhand Beispielen aus engeren und allerengsten
Formenkreisen abgesehen. Dann erscheinen diese Übertragungs-
formen so, als ob sie selbst die stammesgeschichtlichen Anfangs-
posten des neuen Typus seien, und täuschen dem Deszendenztheoretiker die stammesgeschichtliche Abzweigung eines neuen
höheren Lebensastes aus ihrer Substanz vor.

Wenn man die Lebensgemeinschaften in den Erdzeitaltern
an sich vorüberziehen läßt, so macht es den Eindruck, als ob
gewisse Formen für den Haushalt der Natur immer notwendig
gewesen seien und sich eben aus dem gerade nach der allgemeinen Evolutionshöhe vorhandenen organischen Material
entwickelten. Denn innerhalb der Typen kommen immer
wieder neue Spezialformen, wenn entsprechend gleichartige
ältere ausgestorben oder durch die lange Lebensentfaltung erschöpft und an Zahl vermindert sind. Das „Raubtier“ beispielsweise, das heute u. a. als katzenartiges Säugetier ein nicht weg-
zudenkender Bestandteil der Natur ist, wird in der Alttertiärzeit
von einer ganz anderen Gruppe des höheren Säugetiers entwickelt; im Erdmittelalter ist es unter den Reptilien zu finden.
Die Krebse sind im Erdaltertum durch Trilobiten und Merostomen (vgl. Abb. 36 S. 120) im Haushalt der Natur eben dasselbe, was später und heute die schalentragenden Zehnfüßer-
krebse (Langusten usw.) in den Meeren und stellenweise im
Süßwasser bedeuten und erfüllen. Muschelgestalten des Erdaltertums und Schnecken bilden Formen aus, die wir in den
erdmittelalterlichen und erdneuzeitlichen Meeresfaunen in
gleicher Gestalt, aber auf ganz anderer Organisationsgrundlage entwickelt finden. Das geht oft so ins einzelne, daß man,

56

oberflächlich besehen, die einzelnen Gestaltungen gattungs-
mäßig für ein und dasselbe halten könnte; und doch sind es nur
biologische, nicht blutsverwandtschaftliche Gleichheiten. Zu
dieser Erscheinung gehört auch die vielbemerkte Formengleich-

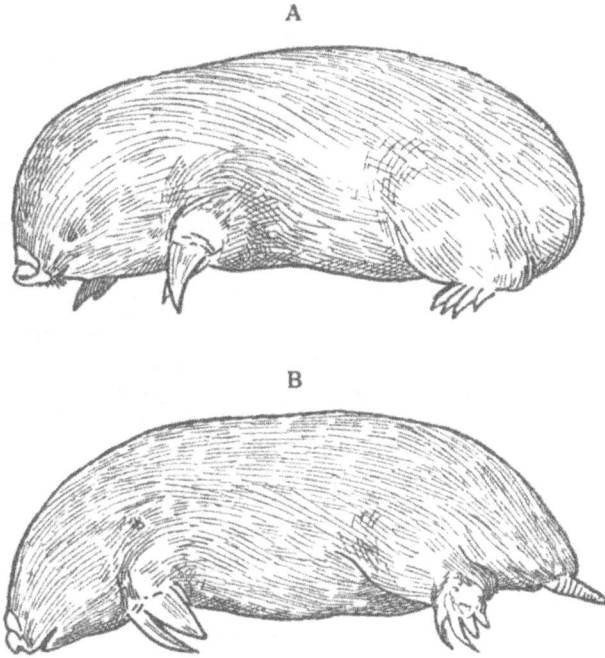

Abb. 8.
Vergleich eines niederen Beuteltieres und eines höheren Säugetieres. Darstellung der
Maulwurfsgestalt auf ganz verschiedener Organisationsgrundlage; beide Formen in keiner
Weise verwandt. Nachahmung eines Spezialtypus durch einen anderen. A) afrikanischer
Goldmull (aus Brehm 1924); B) australischer Beutelmull (aus Hed-Matschie 1906).
Beide verkl.

heit von allerhand höheren Säugetiertypen (Maulwurf, Eichhörnchen, Wolf usw.) mit der Beuteltierwelt Australiens.
Gerade als seien eben alle diese Gestalten im Haushalt der
Natur notwendig gewesen, wurden sie eben überall mit dem
zur Verfügung stehenden Typenmaterial geprägt (Abb. 8).

Die nützlichen Anpassungen.

Es ist also die Formenbildung des organischen Reiches durch zwei grundlegende Momente bestimmt: durch die Gestaltung des inneren Bauplanes, des Grundtypus, der Grundorganisation oder Formidee; sodann durch die als Ausdruck der Zeit erscheinende Baustilbildung, die wieder in anderer Weise den Grundbauplan modifiziert, als es die Abwandlung des Typus selbst aus sich heraus mit sich brächte. Endlich kommt noch ein dritter Ursachenfaktor der Formenbildung hinzu: die eindeutig ablaufende zunehmende Spezialisation.

Ist das Erstehen des Grundtypus ein nicht weiter auflösbares, als Urphänomen im Sinne Goethes und Schopenhauers zu nehmendes Erscheinen; war die Entwicklung von Zeitformen, denen sich die verschiedensten Stämme unterwarfen, ein sozusagen als Zeitausdruck zu nehmendes Geschehen, wie in der menschlichen Kultur solche Bau- und Lebensstile Ausdruck für das innere Wesen der „Zeit" eines Volkes sind, so kommt nun noch weiter die physische Notwendigkeit hinzu, daß sich das Einzellebewesen, die Art anpaßt an die Umgebung, an die Außenwelt, in der sie leben soll. Denn die organische Welt besteht nicht nur aus idealen Grundtypen, die sozusagen ihre Grundorganisation von innen her mit sich bringen und, wie Uexküll zeigte, nun eben kraft dieser ursprünglichen Grundorganisation für bestimmte Lebensräume und Lebensmöglichkeiten prädestiniert sind; sondern in der wirklichen, in der greifbar sinnlichen Natur ist jedes Wesen, jede Art gezwungen, sich den gegebenen mannigfaltigen Spezialverhältnissen anzugleichen. Daher die variable Mannigfaltigkeit der Arten wie auch die Ausbildung bestimmter Organe oder Eigenschaften und Fähigkeiten unter den zahllos abgewandelten wirklichen, greifbaren Wesen.

So sehen wir nun auch zwei Arten von Zweckmäßigkeit walten bei der Gestaltung der organischen Natur. Man hat sich viel um den Zweckmäßigkeitsbegriff gestritten, aber es ist das typische Kennzeichen organischen Seins und Werdens,

58

daß es eben durchaus zweckmäßig für seine Lebensnotwendig-
keiten eingerichtet ist. Gewiß gibt es auch fehlgeschlagene Formbildungen in der organischen Natur; nicht nur Mißgeburten
als solche, sondern auch Entwicklungsreihen von besser und
weniger gut angepaßten Wesen und Formbildungen, wie auch
als böses Ende der Spezialisation das Übertreiben der ursprünglich nützlichen Gestaltenbildung vorkommt (Abb. 9);

Abb. 9.
Überspezialisierungen im Geweih fossiler Riesenhirsche vom Ende der Tertiärzeit. Die ur-
sprünglich einfache Hörnerentwicklung ist so übersteigert, daß die Tiere ausstarben. (Aus
F. Walther 1908.) Sie übertrafen an Größe weit den heutigen Edelhirsch.

aber eben gerade dieser „Kampf" um die möglichst gute biologische Anpassung zeigt unverkennbar, wie der lebenden
Substanz ein alles beherrschender Trieb zur zweckmäßigen Gestaltung und damit zur Anpassung und zur Eroberung des
Lebensraumes anhaftet — ihr wesentliches Kennzeichen, wodurch sie eben, im Gegensatz zu jedem auch beweglichen Mechanismus, nicht totes Verharren, sondern stets lebendige Entwicklung ist. Aber es gibt ersichtlich eine äußere und eine innere
Zweckmäßigkeit. Die innere liegt immanent im Typus, in

59

der Grundorganisation; die äußere liegt in der entwicklungs-mäßigen Abwandlung und Umbildung zu biologisch nützlicher Spezialisation. Es gibt also eine innere beherrschende Form-idee, gestaltet um ihrer selbst willen; sie muß im äußeren Leben erscheinen und hier sich gestalten um der Lebensnot willen. So gibt es, um ein herrliches Wort Schopenhauers zu ge-brauchen: erhabene Zwecklosigkeit des Gestaltens an sich, aber es gibt auch eine äußere, man möchte sagen technisch-nützliche Anpassungsentwicklung.

Hiermit rühren wir an den Knotenpunkt zweier Betrach-tungsweisen, die in der organischen Natur vor allem sich kreuzen und von jeher in der Geschichte der Wissenschaft sich gekreuzt haben: die ursächliche und die zielhafte Betrachtung. Wenn wir linear im zeitlichen Ablauf das Geschehen verfolgen, so erscheint jedes Stadium als die Wirkung des früheren, das hierzu Ursache ist. Wenn wir aber vom Fertigen, vom Ziel aus den Vorgang überblicken, so erscheint das Ganze ziel-strebig, und das Ende ist der Zweck des ganzen Ablaufs. Beides sind, wie gesagt, lediglich verschiedene Betrachtungsweisen. Man kann nicht sagen, daß die eine vor der anderen allein be-rechtigt sei. Denn auch das, was wir die rein ursächliche nennen, ist ja auch nur eine Beschreibung des äußeren Ablaufs und zwar vom einen Ende gesehen, während man das Zielhafte vom anderen Ende aus sieht.

Es gibt aber noch eine dritte, die beiden anderen sozusagen kompensierende und in sich mit einschließende Betrachtungsart: das überzeitliche Innerlich-Ganze zu suchen, die „Urform", und alles äußere Sichentfalten eben als stets neuen, der Um-welt angepaßten Ausdruck der gesamten formbildenden Po-tenzen zu nehmen. Diese Potenzen müssen nicht alle auf ein-mal, nicht zu gleicher Zeit sich darstellen, sondern verwirklichen sich in der Außenwelt nach und nach — und eben dies würde erlauben, die Entwicklungsfrage von einem nicht mehr quanti-tativ-materialistischen, sondern von einem metaphysischen Standpunkt aus zu verstehen.

60

Die in der Natur des Organischen liegende immanente Zweckmäßigkeit wird besonders klar, wenn man die feinere Baustruktur der Organismen untersucht und sie in ihrer Entwicklung durch die Zeiten verfolgt. So gibt es mikroskopisch kleine einzellige Meereswesen, die Radiolarien, deren schleimiger Weichkörper ein höchst feines glasiges Kieselgerüst ausscheidet. Die Kieselgerüste — unendlich mannigfaltig — sind nun in

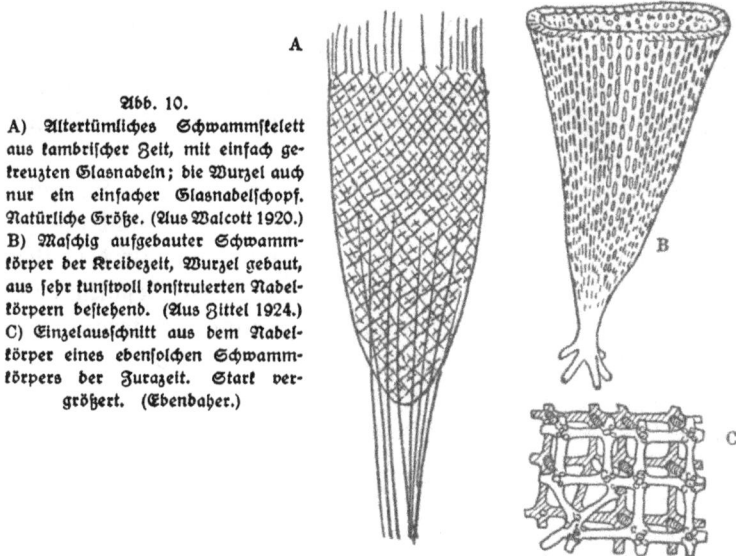

Abb. 10.
A) Altertümliches Schwammskelett aus kambrischer Zeit, mit einfach gekreuzten Glasnadeln; die Wurzel auch nur ein einfacher Glasnadelschopf. Natürliche Größe. (Aus Walcott 1920.)
B) Maschig aufgebauter Schwammkörper der Kreidezeit, Wurzel gebaut, aus sehr kunstvoll konstruierten Nadelkörpern bestehend. (Aus Zittel 1924.)
C) Einzelausschnitt aus dem Nadelkörper eines ebensolchen Schwammkörpers der Jurazeit. Stark vergrößert. (Ebendaher.)

den älteren Zeiten weniger kompliziert aufgebaut als in späteren Zeiten. Zwar gibt es auch später noch viele einfache Gestalten darunter, aber die verfeinerten und komplizierteren kommen erst später hinzu. Die in ihrem Weichkörper ein Gewebe von kieseligen Glasnadeln ausscheidenden Schwämme sind in ihrer mikroskopischen Struktur in den ältesten Epochen weniger kompliziert als später. Während wir etwa in Abb. 10 einen sehr schlichten Nadelkörper mit einfach senkrecht gekreuzten Glasfäden sehen, ist ein Stück eines kreidezeitlichen Schwammes dagegen geradezu raffiniert konstruiert. Die

61

Struktur mancher Molluskenschalen, wie die der Schnecken, ist mit ihren Verzierungen etwa zur Silurzeit noch höchst primitiv; Rippen auf den Gehäusen sind nur rohe Aufblätterungen der Anwachszonen; später werden technisch vollendete Rippen gebildet. Die breite, oft noch gepanzerte Form der Altfische des Erdaltertums (Abb. 3, S. 34) kann noch bei weitem nicht an die elegante Torpedoform späterer Fischtypen heran. Bei den Reptilien der ältesten Zeiten ist die Fortbewegung unbeholfen und träge; bei denen der späteren Zeiten, im Erdmittelalter kommen die beweglichsten Formen hinzu, ganz zu schweigen von der damaligen Entwicklung auch des zweibeinig auf dem Boden hüpfenden oder zuletzt fliegenden Reptils (Abb. 20, S. 88).

So ändert die organische Natur nicht nur ihre Baustile, nicht nur ihre Grundorganisationen, sie schreitet nicht nur zu immer neuen Anpassungen, sie wiederholt nicht nur die alten bewährten Anpassungsformen in immer neuen Gestaltungen; sie lernt sozusagen auch technisch ihre Bauweisen, ihre Strukturen und Feinstrukturen zweckmäßiger ausgestalten — und der Lebensgang des Gesamtorganischen durch die Zeitalter macht so den Eindruck einer richtigen Geschichte.

Die Baumaterialien.

Es machen sich auch innerhalb der Typen in den Erdzeitaltern gewisse Stoffkombinationen bemerkbar, womit sie ihren Körper aufbauen, wovon die zweckmäßigste gewählt wird und worin sich abermals die immanente Zweckmäßigkeitsspannung im Typus als solchem, aber auch die ihm zugewiesene „Zeit" spiegelt. So gibt es in dem Stamm der Schwämme dreierlei Gestaltung des feinen Maschenskelettes: Kieselsubstanz, Kalksubstanz und Hornsubstanz. Von alters her stehen diese physiologischen Skelettbildungsweisen bei den Schwämmen nebeneinander; jedoch ist die Kieselnadelausscheidung die älteste Art der Skelettbildung, die kalkige die bedeutend jüngere; von der hornigen wissen wir es nicht genau, wann sie einsetzte.

Heute bestehen sie noch alle drei miteinander. Daß die kieselige die älteste ist, entspricht der merkwürdigen Tatsache, daß auch jener vorhin erwähnte sehr alte Zweig der schalentragenden Protozoen, die Radiolarien, welche schon in vorkambrischer Zeit gelebt zu haben scheinen, gleichfalls kieseliges Skelett haben. Gab es also Zeiten, in denen bestimmte Baustoffe bevorzugt wurden?

Joh. Walther, einer der anregendsten Erdgeschichtsforscher, hat diese Frage aufgeworfen. Er sagt, die Bildung der Hartteile aus bestimmten Substanzen habe sich seit dem Erdaltertum bestimmt nicht geändert; die Pflanzen haben immer Zellulose ausgeschieden, die Arthropoden Chitin, die Radiolarien Kieselsäure, die Mollusken Kalk. An und für sich wäre es ja nichts Merkwürdiges, wenn sie darin gewechselt hätten. Aber genau wie morphologisch die Typen der Lebewesen konstant geblieben seien, sei es auch die Materialbenutzung für die Skelettbildung geblieben. Und das gehe so weit, daß reichlich vorhandene andere Stoffe im gleichen Lebensraum verschmäht würden, selbst wenn der zur Skelettbildung gewöhnlich gebrauchte nur so spärlich vorhanden sei, daß die betreffenden Tiere Gefahr liefen, zugrunde zu gehen. Es müsse also diese einseitige Affinität zu einem bestimmten Stoff der Skelettbildung eine uralte, nicht mehr rückgängig zu machende Erbschaft sein. Und da schon mit Beginn des Erdaltertums, also mit Beginn des kambrischen Zeitalters, die Skelettstoffe aller damals vorhandenen Typen eindeutig festgelegt waren, so müsse man eben nach vorkambrischen Umständen suchen, welche diese typenhaft feste Materialverwendung begründeten. So dürfe man wohl annehmen, daß die später durch gleiche Skelettmaterialien ausgezeichneten Typen und Gruppen ursprünglich Bewohner gleicher Meeresräume waren und daß sie darum alle ihre Skelett- bzw. Schalenbildung mit dem gleichen, eben gerade dort zur Verfügung stehenden Stoff begannen und dies dann eben erblich wurde. Wenn nun bei einer gewissen Radiolariengruppe heute noch Strontiumskelette sich fänden, so könne man schließen, daß sie ursprünglich in einem Meeresraum wohnten, worin das Wasser vornehmlich Strontium, nicht Kieselsubstanz enthielt.

Hier haben wir einen typisch-mechanistischen Gedankengang, der das Werden und Gestalten der organischen Form als ein Aufdrängen des Äußeren sozusagen verstehen möchte; und diese Aufdrängungen würden dann erblich geworden sein. Das „Erbe“, die innerste Potenz des Lebewesens, wäre also etwas von außen her Aufgeladenes. Aber man kann auch ohne allgemeine Sätze, ganz gegenständlich paläontologisch gegen eine solche, an sich gewiß findige und geistreiche Darstellung angehen. Denn was die von Walther angenommene erste Zufälligkeit des Materialgebrauchs bei ältesten Organismen ausschließt, ist die Tatsache, daß Skelette und Schalen ebensowenig etwas Willkürliches sind, wie die feinsten Weichteile und ihre Gewebe; sondern daß jede organische Bildung in sich derart genau abgestimmt ist auf die Lebensfunktionen, daß die Materialverarbeitung, die damit geschaffene Struktur, die Festigkeit oder Biegsamkeit, die Durchlässigkeit oder Undurchlässigkeit in einem unmittelbaren sicheren Verhältnis zur Beanspruchung und zum Leben steht. Die höchst komplizierte Struktur, welche jede organische Bildung aufweist, die ebenso verwickelte Stoffausscheidung selbst, läßt es von vorneherein ganz unwahrscheinlich sein, daß der Stoffaufbau der Organismen irgendwelchen äußeren Zufälligkeiten sein Dasein verdankt.

Ist eine solche Vorstellung daher schon in Anbetracht des organischen Wesens fraglich, so wird sie es weiter durch den Hinweis darauf, daß ein und dieselbe Stelle des Körpers vielerlei ausscheiden kann. So bilden die Mollusken des Süßwassers in ihren Kalkschalen Perlmutter, Porzellansubstanz und Chitin; die Zellen eines eben werdenden Organismus differenzieren sich heute immer noch, wie in den ältesten Zeiten, in alle jene Körperzellen und Gewebe, aus denen danach alle erdenkbaren Materialien hervorgebracht werden. Man sieht daran eine Freiheit der Stoff- und Materialbildung und -ver-

64

arbeitung, daß es schwer wird zu glauben, es möchten ursprünglich äußere Verhältnisse, wie der besondere Reichtum an speziellen Stoffen, allein genügt haben, um solche Dinge, wie die Skelettbildung der späteren und heutigen Tiere, durch jene Äußerlichkeiten zu erklären. Weiter mag geltend gemacht werden, daß wir keinen Anhaltspunkt haben, wonach es im Präkambrium oder Archaikum Meere gab, in denen besonders viel Kohlenstoff (Chitin) oder besonders viel Kieselsäure gegenüber dem Kalk vorhanden gewesen wäre; wollte man aber — noch hypothetischer — die erste Ausbildung von Skeletten in vorarchäische Meere verlegen, dann fragt es sich nur, weshalb wir in den algonkischen Ablagerungen noch keine fossilen Reste von solchen Skelettträgern antreffen. Es muß also doch die Skelettausbildung eine erst sehr späte, nämlich unmittelbar vorkambrische Zeiterscheinung gewesen sein.

Die Menge der Substanzen und ihr gegenseitiges Mischungsverhältnis in irgendeinem Urmeer machte es also gewiß nicht, daß bestimmte Stoffe gewählt wurden; sondern es muß in der ursprünglichen Beschaffenheit ältester Organismen schon etwas gelegen haben, was sie entweder befähigte oder sogar zwang, bestimmte Stoffe aus dem Meerwasser zu entnehmen, um daraus ihr Skelett zu bauen, wenn sie überhaupt die Auswahl hatten. Und dies war zu allen Zeiten der Fall, denn wir kennen keine Ablagerungen aus irgendwelchen Zeiten, die nicht den Schluß zuließen, daß in den Meeren stets Kalk und Kieselsäure als die durchweg in der organischen Welt verwendeten Skelett- und Schalensubstanzen vorhanden gewesen wären. Rein chitinöse Schalen oder Panzer, wie sie die kambrischen Meerestiere aber vornehmlich trugen, konnten von dem Augenblick ab entstehen, wo es ein Pflanzenleben in den Meeren gab. Dieses war aber überhaupt die Voraussetzung für jegliches, auch niederstes Tierleben, und niederstes Pflanzenleben war schon im Archaikum da.

Wie Skelette, besonders von niederen Tieren des Meeres, entstehen, ist bis heute noch ein ungelöstes Rätsel. Nicht einfache chemische Ausfällung aus den Zellen oder Kanälen des Weichkörpers ist es, was dabei vor sich geht. Zwar gelten für das Geschehen die Gesetze der anorganischen Stoffbildung, soweit eine solche vom Organismus benutzt oder veranlaßt wird; aber nichts Organisches, kein Vorgang des organischen Bildens geschieht durch die anorganische Wirkung der Stoffe als solcher. Sobald sich ein Stoff als Skelettbildung konstituiert, sind die dabei wirksamen Vorgänge organisch gerichtet. Die Ausscheidung selbst geschieht, solange der Organismus gesund ist, in einem bestimmten Maß, das dem jeweiligen Wachstum und den gerade zu erfüllenden biologischen Erfordernissen entspricht. Ein Beispiel ist die kieselige Schwammnadel, die bei einfach einachsigen oder zweiachsigen Nadeln deutlich die Orientierung eines Kieselkristalles zeigt, jedoch so, als sei sie aus einem solchen herausgeschnitten. Nun werden Skeletteile nicht etwa so ausgeschieden, daß aus dem Meerwasser oder der Nahrung so viel Stoff aufgenommen wird, als der Skelettbau gerade im Augenblick braucht; sondern es werden in den Körpern Materialien, teilweise in anderer Form und in anderen Verbindungen, angesammelt und dann im Augenblick des Bedürfnisses an die Stelle gebracht und in der Form ausgeschieden, wie sie der Organismus benötigt. So werden beim Häuten der Krebse die neuen Panzer verhältnismäßig rasch gebildet, wobei der nötige Kalk zuvor schon in den Organismus aufgenommen war; ebenso scheiden junge Kalkschwämme in ihrem Weichkörper innerhalb weniger Stunden ein Nadelskelett aus, zu dem sie den Kalkvorrat in sich vorbereitet hielten.

Daraus allein schon geht hervor, daß die Beiholung von Material nicht einfach mittels Einführung der betreffenden Substanzen in den Körper beschafft wird. So hat man ausgerechnet, daß eine Auster etwa das 50000fache ihres Körpergewichtes an Wasser durch ihren Organismus hindurchpumpen müßte, um den Kalk für ihre Schale bereitzustellen, wenn dies auf dem einfachen Weg der Abspaltung des kohlensauren Kalkes

66

aus dem Meerwasser während des Schalenbaues selbst vor sich gehen würde. Dagegen spricht, abgesehen von der sonstigen Möglichkeit, mit der Nahrung schon Kalk aufzunehmen und latent bereit zu halten, auch die Tatsache, daß das Meerwasser gar nicht den kohlensauren Kalk als solchen enthält, sondern nur die freien Moleküle bzw. Jonen der Elemente. Das chemische Material wird den Organismen im Wasser sozusagen vor die Tür des Hauses gefahren. Denn die chemischen Elemente sind im Wasser im allgemeinen in der angemessenen Form ihrer Verbindungsmöglichkeit im Gleichgewicht. Wird also durch organische Tätigkeit eines entnommen, so strömt es im selben Maß bei, als dies nötig ist, um das chemische Gleichgewicht im Wasser wiederherzustellen. Es ist aber gar nicht ausgeschlossen, daß den Organismen auch die Fähigkeit innewohnt, Umwandlungen der Elemente zu vollziehen. Die neueren chemischen Erkenntnisse über den Elementenwandel und die verschiedene Atomwertigkeit einzelner Stoffe legen die Vermutung nahe, daß das schwierige Problem, wie die Organismen zu den für den Skelettbau nötigen Stoffen gelangen, auf solchem Weg einmal seine Klärung erfahren könnte.

Es muß in alledem ein innerer Zusammenhang bestehen und aufgesucht werden. Denn der organische Typus ist, wie wir sahen, von sich aus eine Grundidee der schaffenden Natur und tritt mit einer bestimmten Organisation in das äußere Dasein. Aber indem er dies tut, indem er für die Außenwelt bestimmt ist, hat auch die vorsehende innere Natur schon den Stoff im Raum bereitgestellt, in dem sie ihn darstellen will; hat den Raum und die Lebensumstände mit gefühlt und gewollt — wir sprechen bildlich, und doch bezeichnen diese Bilder Wirklichkeiten. Und so erfolgt die „Wahl" der zum Körperaufbau benötigten Stoffe nicht von außen her, nicht deshalb, weil sie mechanisch von der Umwelt dargeboten werden, sondern weil Umwelt und Typus selbst von innen her eine höhere Einheit sind und die Natur in sich lebendig ist.

4. Das Werden des Vierfüßers.

Die Grundformen.

Jedes Element hat die ihm eigenen, und zwar grundsätzlich dafür geschaffenen Tiertypen. Der Fisch ist der Grundtypus für das Wasser, das Amphib für das Feuchte, das Reptil für das Land in Verbindung mit dem Wasser, das Säugetier für das Land. Es verschlägt nichts, wenn es an das Land gehende Fische, in das Meer gehende Reptilien wie Meersäugetiere gibt; ebenso ist der Vogel der Grundtypus für die Luft, aber es gibt auch fliegende Echsen und Säugetiere. Alle die so in zweiter Linie in ein anderes Element eingepaßten Typen zeigen Körperabwandlungen des Grundtypus, die sie in der äußeren Gestaltung jenen anderen Grundtypen nähern, die für das betreffende Element grundsätzlich geschaffen sind. Bei solchen Umwandlungen aber bleiben die Grundorganisationen bestehen, und eben daran kann man einen Wal oder Delphin von einem Fisch, einen Landfisch von einem Amphib oder eine Fledermaus von einem Vogel unterscheiden.

Als das Land besiedelt wurde, faßte die Natur gewissermaßen die Idee des gehenden Vierfüßers, und das waren amphibische Wesen, die auf den rein dem Wasser zugehörenden Fischtypus als nächste Organisationsstufe folgten.

Die ältesten Amphibien traten in der Devonzeit auf, entfalteten sich in der nachfolgenden Karbonzeit besonders üppig. Das sind die im Erdaltertum und in der Triaszeit häufigen Stegokephalen, d. h. Gestalten vom Formcharakter der Lurche und Molche späterer Epochen, die aber eine noch eigenartige

68

Organisation hatten und sich insbesondere durch den mit Hautverknöcherungen überzogenen Schädel und einen Kehlbrust-
panzer auszeichneten, während gleichzeitig überkreuzende Bauch-
rippen einen losen Panzer nach Art eines Maschenstahlhembes
über den empfindlichen Unterkörper zogen. Es ist anzunehmen,
daß diese uralten Amphibien der Devonzeit den sichtbaren
Beginn der Besiedelung des Landes mit vierfüßigen Wirbeltieren bedeuteten, aber es ist wohl ebenso gewiß, daß ihnen
Frühstadien voraufgingen, worin sie skelettlos waren, also
amphibischen Larven glichen, vielleicht nur mit Kiemen at-
meten. Das könnte schon in der Silurzeit der Fall gewesen sein;
es läßt sich aus allgemeinen entwicklungsgeschichtlichen Überlegungen annehmen, aber wir wissen es nicht greifbar bestimmt.

Man nimmt an, daß die landbewohnenden Amphibien
einmal aus fischartigen Wesen hervorgingen, und in der Tat
gleichen die in Spitzbergen zusammen mit den Uramphibien
gefundenen Fischformen in mancher Hinsicht, so im Schädel-
bau, auch diesen Urlurchen. Aber das ist doch wohl nur eine
Ähnlichkeit, hervorgerufen nur durch die gleichen Lebensbedingungen unter denen sie standen. Der Amphibientypus
ist, wie gesagt, in seinen Ursprüngen zeitlich weit älter, kann
also von diesen Fischformen nicht abstammen. Ohnehin ist es
untunlich, zu meinen, es könne ein Grundtypus vom anderen
abstammen. Wenn wir im Abschnitt 2 (S. 34) überlegten,
ob nicht der Fisch von einem Landtierzustand seinen Ausgang
genommen habe, so war dieser vermutliche Urzustand, wenn
er wirklich existierte, gewiß nicht das ursprüngliche vierfüßige
Landtier selbst, auch nicht dessen amphibische Larve, sondern
es war eben die Urform des Fischwesens — und woher solche
Urformen jemals kamen, das entzieht sich völlig unserer
Kenntnis.

Das Landwirbeltier ist eine ganz eigene Formidee, sozusagen eine ganz eigene Grundkonstruktion der schaffenden
Natur, die sich von jener des Fisches als des das Wasser durch-

schneidenden, mehr oder weniger schlanken Körpers mit Flossen grundsätzlich unterscheidet: es ist sozusagen die Brückenkonstruktion, die ganz unverkennbar das primitive Amphibium zeigt. (Abb. 11). Die Wirbelsäule ist auf die vier Pfeiler der

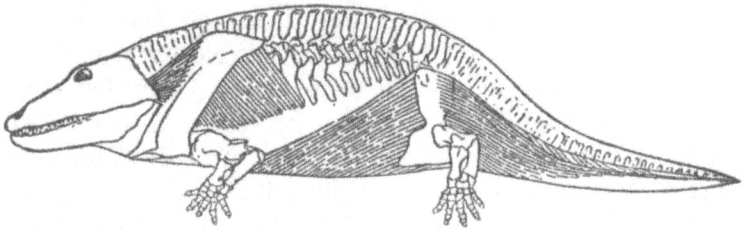

Abb. 11.
Darstellung eines ältesten Amphibienkörpers und damit eines ältesten Vierfüßers, den brückenartigen Baucharakter zeigend. Der Körper ist auf vier Extremitäten gestellt, diese tragen die Wirbelsäule als Längsachse des Körpers, an welcher alle Weichteile aufgehängt sind. Die Fortbewegung durch die Extremitäten geschieht hebelartig. (Aus W. K. Gregory 1928.)

Extremitäten gestützt und bildet wie bei einer nach oben durch Eisenträger gewölbten Brücke den Längszug, an dem sozusagen der übrige Körper, die Eingeweide usw. aufgehängt sind. Die vier Pfeiler der Beine allein dienen der Fortbewegung, da die Brücke ja nicht zum Stillstehen verurteilt ist, sondern wie ein Gefährt sich bewegen soll. Im Grunde könnte ein solcher Körper statt Extremitäten auch vier Räder haben. Aber das Rad ist merkwürdigerweise das einzige technische Gebilde, das die Natur uns praktisch nicht vorgebildet hat. Wir kennen in der Natur zwar den Hebel — das sind die Wirbeltier- oder Insekten- und Krebsbeine; wir kennen das Ruder — das sind die Flossen und Paddeln der Fische, der Meerechsen und der Meersäugetiere; wir kennen statische Bildungen, Versteifungen, T-Träger und vieles andere; aber das Rad hat uns die Natur nicht vorgemacht, hat es nirgends angewendet. Weshalb wohl? Weil die völlige Umdrehung der Radscheibe es unmöglich machen würde, daß ihm von der Achse, also vom Körperkreislauf her Blutgefäße, Nerven Muskeln zugeleitet würden. Nur ein Rad mit halber bis Dreivierteldrehung könnte noch mit dem

70

übrigen Körper in Verbindung bleiben, müßte dann aber stets um soviel rückwärts laufen, als es vorwärts lief. Damit wäre sein Sinn auf den Kopf gestellt. So haben wir hier einen eklatanten Fall, wo die Konstruktionsfähigkeit des Menschen jene der Natur übertrifft.

Genug, es war mit der Formidee des vierfüßigen Wirbeltieres zugleich auch das höhere Landtier als solches gegeben, und dieses hatte zuerst unverkennbar amphibischen Charakter, weil es eben mit den damaligen geographischen Zuständen übereinstimmte und weil damals ein Pflanzenwuchs und ein wenn auch niederes Tierleben auf den Trockengebieten noch nicht vorhanden war.

So wie nun die Pflanzenwelt nach unserer Schilderung im Abschnitt 2 durch die Entwicklung des Nadelholzes sich des Trockenlandes bemächtigte, so bemächtigte sich das höhere Tier durch die Entwicklung des über das Amphib fortgeschrittenen Reptils oder Kriechtieres ebenfalls des Trockenen. Konnte und kann das Amphib bis zum heutigen Tag nur in feuchten und wasserführenden Stellen leben, so ist das Reptil, das echsenartige Wesen, imstande, durch seine Körperbeschuppung vor allem, dann auch durch die andere Art seiner Entwicklung vom Ei bis zum fertigen Tier, Trockenheit mit in Kauf zu nehmen. Und so war es geeignet, das Land weiterhin zu bevölkern in Regionen, wo das Amphib nicht hingelangen oder sich nicht dauernd aufhalten konnte.

Die ältesten Reptilien treten in der oberen Hälfte der Steinkohlenzeit auf, also etwas später als das erste Amphib. Aber sobald sie erschienen sind, setzt eine rasche und zu größerer Formenmannigfaltigkeit führende Entwicklung ein, so daß schon in der Karbonzeit selbst, dann aber vor allem in der nachfolgenden Dyas- oder Permzeit beide Gruppen sich weltweit verbreitet und in viele Gattungen und Spezialtypen entfaltet hatten. Die Permzeit mit ihrer in weiten Gebieten der Erde sehr großen Trockenheit, die zuweilen von starken Regengüssen unterbrochen wurde, ist so recht geeignet gewesen, dem

Reptil für seine Ausbreitung Vorschub zu leisten, weil nach wie vor sein Konkurrent, das Amphib, an die wasserreichen Gegenden und Örtlichkeiten gebunden blieb.

Alle physiologische Entwicklung in der Zeit geht immer von dem ursprünglichen Weichkörperzustand zur Verhärtung, also zur knöchernen oder kalkigen Skelett- und Schalenbildung über. Das ist u. a. auch der Grund, weshalb wir von so vielen Tiertypen in älteren Formationen noch keine sicheren Reste, höchstens unter äußerst günstigen Gelegenheiten einmal Abdrücke finden: weil sie noch keine verhärteten Schalen und Skelette hatten, die leicht in fossilen, versteinerten Zustand übergehen, während doch die Weichkörper meistens verwesen. Darum können wir auch die Urlandtiere erst von dem Zeitpunkt ab finden, wo sie ganz oder teilweise knöcherne Skelette oder Hautknochen hatten. Die ältesten Amphibien treffen wir nun gerade in dem Stadium ihrer stammesgeschichtlichen Entfaltung, wo sie zwar schon knöcherne Deckplatten, aber noch kein durchaus knöchernes Innenskelett hatten. Erst während der Permzeit machten sie den weiteren Verknöcherungsprozeß ihrer Wirbelsäule durch, sie hatten noch viel knorpelige Substanz in ihrem Skelett; beispielsweise sind die Gelenkköpfe ihrer Extremitäten noch knorpelig gewesen (Abb. 12). Sie gehen dann noch in die Triasepoche hinüber, wo sie, vor dem Erlöschen in der Obertrias- oder Keuperzeit, teilweise Riesenformen hervorbrachten, was das Kennzeichen des Aussterbestadiums einst blühender Gruppen der Tierwelt zu allen Zeiten ist. Nun entsteht eine Zeitlücke, es sind keine Amphibien mehr in der Jurazeit zu finden, und unterdessen nimmt nun der Reptil- oder Echsentypus (im weiteren Sinn des Begriffes) einen neuen Aufschwung.

Zuvor in der Dyas- oder Permzeit schon hatte das Reptil einen merkwürdig spezialisierten Entwicklungszweig aus seinem Grundstamm entlassen: die Theromorphen, wörtlich Säugetierähnlichen (Abb. 7, S. 155). So stellte, vergleichsweise gesprochen, das Reptil spiegelbildlich das alsbald erscheinende

72

niedere Säugetier vorausnehmend dar. Von der Reptil-
organisation ausgehend erscheinen da Gestalten, die unverkennbar gewisse säugetierhafte Eigentümlichkeiten entwickeln, ob-

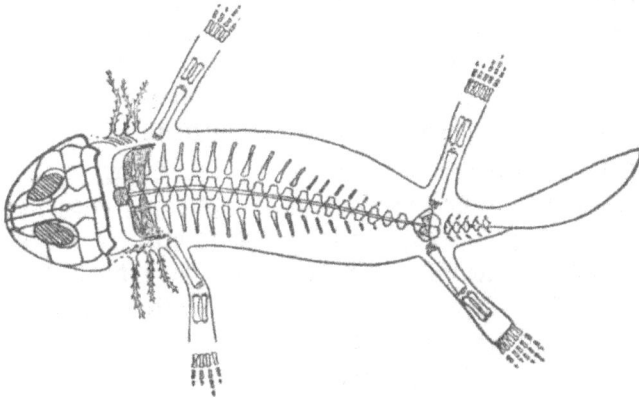

Abb. 12.
Kleines Amphib der Permzeit (Ende des Erdaltertums) mit wenig verknöcherter Wirbel-
säule und unverknöcherten Gelenken in den Extremitäten. Vorderfüße nur vierzehig. (Aus
Romer 1933.) Natürliche Größe.

wohl sie blutsmäßig und stammesgeschichtlich nichts mit dem
später erst aufkommenden Säugetiertypus, dem sie in manchem
gleichen, zu schaffen hatten. Da sehen wir das sonst so ein-
tönig aus aneinandergereihten Kegelzähnen bestehende Reptil-

Abb. 13.
Schädel eines säugetierähnlichen Reptils
vom Beginn des Erdmittelalters (Triaszeit) mit etwas differenziertem Gebiß, an
dem die Schneide-, Eck- und Backenzähne
zu unterscheiden sind. (Nach Broom 1915.)
Verkleinert.

gebiß sich differenzieren und säugetierhafte Schneide-, Eck- und
Backenzähne erhalten (Abb. 13). Auch die Gesamtkörper-
gestalt bekommt etwas Hunde- oder auch Dickhäuterähnliches,
abgesehen von sonstigen feineren anatomischen Merkmalen,

die hier nicht zu erörtern sind. Ja es gibt auch eine Gestalt, die in etwas an die neuzeitliche Seekuh erinnert, die ebenfalls ein Säugetier ist und von jenem Altreptil der Permzeit sozusagen in Vorwegnahme nachgeahmt wird. Jenes Wesen hatte, wie sie, sehr schwere Knochen und lebte, wenn auch nicht im Meer, so doch in den Seen der damaligen Zeit am Boden. Endlich gab es auch affenartige Schädelbildungen, so unendlich früh vor dem Auftreten echter Säugetieraffen.

Mit Beginn des Erdmittelalters, der Triaszeit, ist diese Gruppe mit ihrer so einseitigen Spezialisierung ausgestorben. Nun aber beginnt, wie schon erwähnt, erst der eigentliche Siegeszug des Reptils über die ganze Erde hin. Wie mit einem Schlag erscheinen etwa von der mittleren und oberen Triasphase ab sehr verschiedene Ordnungen des Reptils, die sich dann in der Jurazeit reichlich weiterentfalten und unter denen wir verschiedene biologische Typen unterscheiden können, vor allem die der Land- und Meerreptilien. Landreptilien sind u. a. die Krokodilier und Gaviale, dann die Schildkröten und die Schreckjaurier, welch letzteren für das Erdmittelalter ein besonderes biologisches Phänomen zu werden vorbehalten war. Und schließlich entwickelten sich auch noch Luftbewohner, die Flugsaurier (Abschnitt 5).

Polarität der Entwicklung.

Mustert man die erdmittelalterliche Reptilgesellschaft auf ihren biologischen Charakter hin, so zeigt sich eine ganz auffallende Gegensätzlichkeit. Denken wir uns ein normal am Boden gehendes Kriechtier als die Grundform. Nun entfaltete sich daraus einerseits ein Typus, der mehr und mehr sich vom Boden zu erheben strebt (s. Titelbild); gleichzeitig mit ihm ein zweiter, der sich immer stärker an den Boden anzudrücken sucht. Das Extrem des ersteren ergibt schließlich die in die Lüfte sich erhebende Echse; das letztere die ohne jegliche Extremitäten zuletzt am Boden sich windende Schlange.

74

Zugleich aber werden diese Entwicklungsziele in verschiedenen Gruppen erreicht, bei der einen so, bei der anderen anders.

Schon in der Triaszeit nun gab es die Schreckſaurier, die ſich damals zuerſt durch eine ganz geringe Verſtärkung und Streckung der Hinterbeine auszeichneten, bis dann in der Jurazeit diese so stark und die Vorderbeine ſo verkürzt waren, daß die Tiere mit Hilfe ihres ſtarken Schwanzes wie neuzeitliche Känguruhs (Titelbild) halb aufrecht gehen, ja springen konnten.

Das entgegengeſetzte Extrem wird mit der Schildkröte angeſtrebt. Dieſes um und um gepanzerte Reptil iſt infolge ſeiner Körperbeschaffenheit ganz an den Boden gedrückt, und es ſitzt gewiſſermaßen in einer Höhle, eben durch seinen bodengebundenen Panzer. Auch andere Formen bekamen damals ſchwere Panzerung.

Während nun die Erhebung zum Flugtier führte (Abb. 20, S. 88), führte die Anſchmiegung an den Boden zu einem Hinabgehen in das Meer. Es ſind mehrere Spezialtypen, die wir ſo ſich entwickeln ſehen. Der eine nimmt bei einer noch an der Küſte wohnenden Geſtalt der Triaszeit ſeinen Anfang, den Nothoſauriden, die ſich wohl nur noch ſchwerfällig am Meeresrand bewegten, vergleichbar einem Seehund oder Seelöwen ſpäterer Zeiten, und die ihren Entwicklungshöhepunkt in den Pleſioſauriern der Jurazeit als vollkommenen Meerestieren finden. Der andere Untertyp ſind die echten Fiſchechſen, die Ichthyoſaurier (Abb. 37, S. 123), derart vollkommen an das Schwimmleben im freien Meer angepaßt, daß ſie äußerlich die Fiſchgeſtalt erworben haben (Abſchnitt 7). Durch die Entwicklung ſolcher Typen, denen man noch mehrere andersartige, aber alle in derſelben Richtung die Lebensweiſe vermannigfaltigend, an die Seite ſtellen kann, gelingt es dem Reptil, im Erdmittelalter überall die Länder und teilweiſe die Meere und die Lüfte zu bevölkern.

Aber auch innerhalb dieſer biologiſchen Typen gibt es nun weitere Abwandlungen, worin ſie ſich ſozuſagen wieder überkreuzten und so die Mannigfaltigkeit noch steigerten. Da ist eine Gruppe der Pflasterzähner, so genannt nach den breiten pflasterförmigen Zähnen, womit sie am Meeresgrund Muscheln und hartpanzerige Krebse knackten; als träge Bodenbewohner schwammen sie nur wenig (Abb. 14). Sie bildeten aber verwandte Gestalten aus, die einen Panzer hatten und dem äußeren Bild nach geradezu wie eine Meerschildkröte aus-

Abb. 14.
Träge am Meeresboden liegende oder schwimmende Pflasterzahnreptilien der Triaszeit.
(Aus Drevermann 1929.) Etwa Seehundsgröße.

sahen. Sie hatten breite Ruderfüße mit Schwimmhäuten und ruderten wohl über dem Boden des Meeres hin. So ist hier gewissermaßen am Meeresgrund wiederum die Schildkröte des Landes nachgeahmt. Die Formen hatten aber gar nichts mit Schildkröten zu tun, sie glichen ihnen nur in der allgemeinen Körperform. Aber auch die Schildkröten selbst folgten den anderen marinen Echsen teilweise. Zur Jura- und gesteigert zur Kreidezeit gibt es richtige Meerschildkröten, deren Panzer sich immer weiter rückbildete, bis nur einige Stäbe und sternförmige Knochenplatten davon übrigblieben. Sie schwam-

76

men flott im Meere umher. Nie aber beobachten wir den umgekehrten Entwicklungsgang: daß Meerestiere zu Landbewohnern würden. Wo dies scheinbar zutrifft, wie beim Lungenfisch der Devonzeit (S. 34), ist es niemals ein Landtierwerden; das Wesen bleibt immer an das Wasser gebunden, wohin es zurückkehren muß. Heute gibt es in der Südsee ähnliche landbetretende Fische; aber auch sie bleiben Fisch.

Mit dem Ende des Erdmittelalters erscheinen auf einmal wieder Amphibien; aber es ist nicht etwa die Fortsetzung des alten Amphibs, das wir oben kennenlernten, sondern eine neue Stammgruppe: die Schwanz- und Fischlurche, oder, mit einem volkstümlichen Wort: die Salamander und Frösche. Ein letzterer ist angeblich schon im Oberjura da, aber der Fund scheint problematisch. In der Unterkreide ist ein salamanderähnliches Wesen gefunden, jedoch erst mit der Tertiärzeit setzt das Neuamphib voll ein. Dabei herrscht wieder eine merkwürdige Polarität. Sahen wir zuvor, daß mit dem Verschwinden des Altamphibs in der Triaszeit die Entfaltungsbahn für das Reptil frei wurde, so sehen wir nun umgekehrt beim Wiederauftauchen des Amphibs das Reptil schwinden. Denn mit dem Ende des Erdmittelalters, der Kreidezeit, an der Grenze zur Tertiärzeit, schrumpfen auf einmal die Reptilien ungemein zusammen. Viele blühende, weitverbreitete Gruppen des Erdmittelalters, wie die Flugsaurier, die mächtigen Dinosaurier, ebenso auch die Meerechsen, die zuletzt noch in seeschlangenartigen Wesen ihren Entwicklungshöhepunkt erreichten, verschwinden. Aber es ist nun nicht das Amphib, zu dessen Gunsten sie so reduziert werden, sondern das höhere Säugetier tritt auf den Plan und beschreitet nun in der Tertiärzeit einen Entfaltungsweg, der an Vielseitigkeit und Formenfülle dem der Echsen des Erdmittelalters nichts nachgibt. Dagegen bleiben die Amphibien wie auch die übrigen Reptilien sehr zurück; und was wir in der Erdneuzeit, also im Tertiär und in der Jetztzeit noch von solchen haben, beschränkt sich meistens auf Krokodilier, Schildkröten, Eidechsen, Leguane,

Agamen und den S. 46 genannten Rest der sehr altertümlichen Rhynchocephalen.

Die Säugetierentfaltung.

Vom untersten Tertiär, der Alteozänzeit ab, sind nun mit einem Male viele Spezialstämme des höheren Säugetieres überall aufgestanden. Urhuftiere, Urraubtiere, Urdickhäuter, allesamt noch in einem primitiven Organisationszustand, dazu eine Unmenge eigenartiger, längst wieder ausgestorbener anderer Spezialgruppen breiten sich auf der Erde aus, deren Länder allmählich die heutigen Umrisse anzunehmen beginnen (Abschnitt 1). Ein reicher Entwicklungsgang wird von allen durchgemacht, auch das Meer wird von den Urwalen und anderen Säugern besiedelt, so wie im Erdmittelalter die Echsen es taten; in die Luft erheben sich die Fledermäuse und fliegenden Hunde. Den Höhepunkt erreicht diese Formentfaltung in der Miozänzeit. Aber dann kommen große Umwälzungen im Bau der Erdkruste: die alpinen Gebirge erheben sich auf allen Kontinenten, die Tiefsee setzt sich gegen die Kontinentalflächen ab — und nach der Miozänzeit erscheinen die Säugetiere recht reduziert gegenüber dem vorausgehenden Formenreichtum. Es bleiben jedoch in der Pliozänzeit immer noch viele Gestalten übrig, die nun heute, nach der inzwischen über die Erde dahingegangenen Eiszeit, gleichfalls verschwunden sind.

Wenn man so den Entwicklungsgang des Landtieres im großen durch die Erdzeitalter verfolgt, so kann man ihn auch zugleich verwirklicht sehen in der jeweiligen Entwicklung charakteristischer Organe oder Körperteile der einzelnen Typen. Man kann etwa die Ausbildung des Schädels verfolgen und daran die zunehmende Ausgestaltung der Tiertypen selbst demonstrieren. So haben die ältesten Landtiere einen aus viel zahlreicheren und primitiver aneinander gefügten Knochen bestehenden Schädel (Abb. 32); die Reptilien haben einen noch aus 7 Stücken zusammengefügten Unterkiefer; die Anlenkung desselben an den Schädel selbst geschieht nach und nach vom Amphib über das Reptil zum Säugetier durch Verlagerungen anderer Knochenelemente; ursprüngliche Außenknochen bilden die Gehörregion. Auch die Gebisse nehmen an den allgemeinen Wandlungen teil.

Es ist ein Gesetz der Lebensentwicklung, sowohl in der Formenfolge in den Erdzeitaltern zu beobachten wie in der aufsteigenden Typenreihe der Organismen überhaupt, daß bei beginnenden Abwandlungen eine Vermehrung der Teile einsetzt und alles noch einfach, undifferenziert ist. Wir besprachen diese Erscheinung teilweise schon im 3. Abschnitt. So ist es auch, wenn wir die Abwandlung der einzelnen Organe im Wirbeltierstamm allgemein verfolgen. Da sind beispielsweise die Zähne im ursprünglichen Zustand nichts anderes als modifizierte Körperschuppen, da auch die Innenseite des Mauls entwicklungsgeschichtlich selbst eine Einstülpung der Körperaußenseite ist. So bietet etwa der Hai ein ungeheueres Maul voll Zähne, die immerfort ausgeworfen und durch neue ersetzt werden. Zahl und Zahnwechsel sind grenzenlos. Beim Altamphib und den ältesten Reptilien des Erdaltertums steht nicht nur auf den Kiefern am Außenrand Zahn um Zahn, einfache, kegelförmige Gebilde, sondern vielfach auch auf anderen, weiter innen liegenden Knochen. Das Reptil wechselt noch häufig seine Zähne. Dann aber kommt das Säugetier, und da gibt es nur noch einen, seltener zwei Zahnwechsel. Das Gebiß besteht nicht mehr aus sehr vielen, sondern besten- und primitivstenfalls aus 48 Zähnen. Und zwar sind diese wohlunterschieden in Schneide-, Eck- und Backenzähne. So tritt aus der Vielzahl und ihrer Einfachheit eine geringere, aber durchgebildete Zahl zutage, die nun beim Säugetier gerade höchst mannigfaltig und wohldifferenziert erscheint. Hier werden im Lauf der Tertiärzeit die Gebisse der einzelnen biologischen Typen, wie Raubtier, Nagetier, Huftier usf., nicht nur nach diesen Kategorien entsprechend ausgebildet, sondern auch innerhalb dieser Spezialgruppen gehen nach und nach

79

weitere Umwandlungen vor sich, mit einer fortschreitenden Verminderung der Zähne verbunden (Abb. 15); bis ein Wesen wie der Elefant nur noch einen einzigen Zahn im Maul hat, den großen Backenzahn auf jeder Seite und jedem Kiefer,

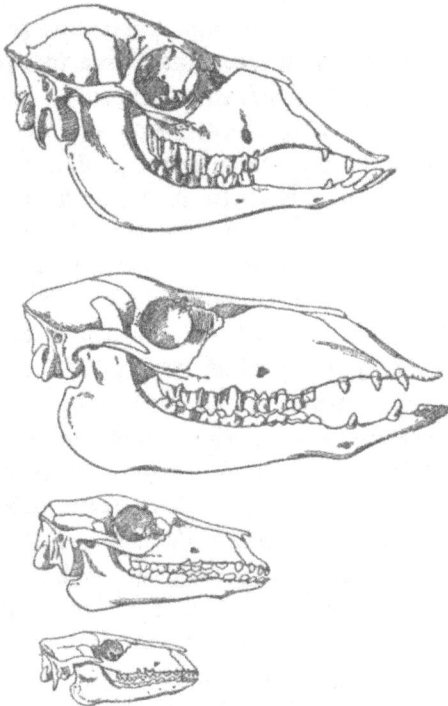

Abb. 15.
Reduktion des Gebisses in einer Formenreihe von Paarhuferschädeln aus der Gruppe der Cameliden. Tertiärzeit. (Aus Scott 1913.) Stark verkleinert.

dafür aber die großen Stoßzähne gewann, was alles ein letztes Extrem an Rückbildung und Spezialisierung darstellt.

Die Extremitätenbildung.

Werfen wir noch einen Blick auf die Entwicklung der Landtierextremität, so liegen ähnliche Verhältnisse vor. Die ideale Grundform der Landtierextremität ist fünfzehig. Man sollte denken, daß die ältesten Landtiere, also die Amphibien, auch

80

diese grundlegende Extremitätenform zeigten. Aber sie hatten schon einen reduzierten Vorderfuß mit nur vier Zehen (Abb. 12, S. 73). Auch eine älteste Fußspur aus dem nordamerikanischen Oberdevon zeigt nicht die volle Zehenzahl. Die Füße aller Reptilien sind höchst mannigfaltig und schwanken zu allen Zeiten zwischen Fünf- und Dreizehigkeit, die der Säugetiere zwischen der Fünf- und Einzehigkeit. Das alles hängt mit

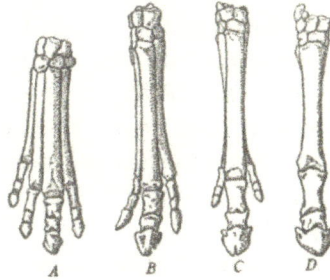

Abb. 16.
Entwicklung des einhufigen Pferdefußes vom ursprünglichen fünfzehigen (hier nicht abgebildeten) Stadium unter Rückbildung der Seitenzehen, während der Tertiärzeit. (Aus Romer 1933.) Stark verkleinert.

der Lebensweise zusammen. Die Elefantiden reduzieren am Hinterfuß die äußeren Zehen, die Rhinoceroien haben vier- und dreizehigen Fuß. Die Unpaarhufer endigen in einem einzehigen Fuß (Abb. 16) (Pferde), die Paarhufer in einem zweizehigen (Wiederkäuer), um nur einiges zu nennen. Hier kann man von der ältesten Phase der Tertiärzeit her die schönsten Formenreihen verfolgen, die alle mit dem fünfzehigen Fuß begonnen haben. Immer gehören die fünfzehigen Extremitäten jenen Formen an, die innerhalb ihres Spezialstammes am primitivsten geblieben sind.

Es liegt nahe, nach der ältesten Form des Vierfüßlerfußes zu forschen, denn wir dürfen annehmen, daß die in der Devonzeit gefundenen Amphibien schon nicht mehr voll fünfzehig waren, mithin auch damals schon einen vorgeschrittenen und einseitig abdifferenzierten Zustand anzeigten. Es müssen den bisher bekannten Landtieren also ältere, vollzehigere Stadien vorausgegangen sein. Nun neigte man vielfach zu der Annahme, daß einmal die amphibischen Urvierfüßer aus „Fischen" hervorgegangen seien, daß mithin die vielstrahlige Fischflosse die stammesgeschichtliche Grundlage und der natürliche Urzustand auch des Vierfüßers gewesen sei. Nach den tiefer eindringenden Vergleichen ist diese Anschauung heute nicht mehr haltbar, und wir zeigten ja auch schon im Abschnitt 2, daß man den Fisch gegebenenfalls als einen eigenen, vielleicht aus dem Land bzw. dem Süßwasser stammenden Typus wird ansprechen dürfen.

Nun ist es aber nicht nur denkbar, sondern wahrscheinlich, daß die Urvierfüßer nicht sofort das Trockene bewohnten, sondern auch im Wasser lebten, wohl im Süßwasser, da wir ja den amphibischen Zustand schon als einen vorgeschrittenen kennenlernten. Diese den Uramphibien vorausgehenden Urvierfüßer dürften daher wohl Amphibienlarven mit äußeren Hautkiemen und Flossensäumen am ähnlichsten gewesen und auch ihre früheste Extremitätenbildung wird flossenartig gewesen sein. Solche Flossen neigen, wie die späteren Wasserwirbeltiere (Fische, Reptilien, Wale, Delphine) anzeigen, sehr dazu, in viele Strahlen zerlegt zu werden (vgl. Abb. 37, S. 123). Es ist daher sehr wahrscheinlich, daß die ältesten larvalen Urvierfüßer noch mehr als 5 Fußstrahlen hatten.

Nun weiß man, daß bei Embryonen von jetztweltlichen Amphibien eine gewisse Überzähligkeit der Extremitätenglieder besteht, die wesentlich über die ideale fünfzehige Grundform hinübergeht und durch Beigabe eines Vordaumens und Vorkleinfingers zu erkennen gibt, daß hier ein Vorstadium der reinen Fünffingerigkeit vorliegt, von dem aus man durch Analogieschluß nach einem siebenzehigen Urstadium der ältesten Landtierextremität suchen kann. Um nun die primitive Landextremität vorzustellen, muß man sie mit dem niederstehenden Skelett ältester Fischflossen vergleichen, das dieser embryonal erschlossenen und nun hypothetisch geforderten überzähligen Landextremität möglichst nahesteht. Als solches kommt in wirklichen Fossilfunden das Brustflosseninnere eines devonischen Fisches (Abb. 17) in Betracht, das diese Siebenzähligkeit tatsächlich aufweist.

82

Das ist nun zwar nur ein anatomischer Vergleich, denn ein Fisch wurde nie ein Amphib und ein Amphib war nie ein Fisch, auch kein Urfisch; aber der Vergleich erhält seine realistische

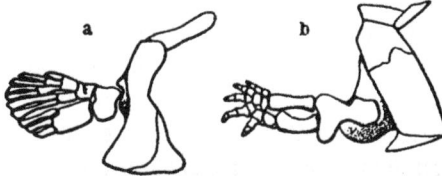

Abb. 17.
Vergleich zwischen der Brustflosse eines altertümlichen Fisches a und eines primitiven Amphibs b mit den beiden Schultergürteln. Die Fischflosse soll ein ursprünglicheres Stadium der Extremität bedeuten. (Aus Romer 1933.) Stark verkleinert.

Bedeutung durch die Tatsache, daß ein primitiv gebautes größeres Amphib der Permzeit, Trematops, nach W. K. Gregory nicht nur wie eine gewisse lebende amphibische Larve, sechs Fußstrahlen hat, sondern daneben noch den Ansatzrest eines siebenten (Abb. 18). Die älteste Extremität war an Vorder- und Hinterfuß mindestens siebenstrahlig, mit der frühen Tendenz zur Rückbildung der beiden randständigen Strahlen. So dürfen wir also annehmen, daß der noch völlig weichhäutige und larvale Urvierfüßer in seiner Extremitätengestaltung diesen Anfang nahm. Da er wie ein Urfisch lebte, waren sie sich eben in der biologischen Gestalt sehr ähnlich.

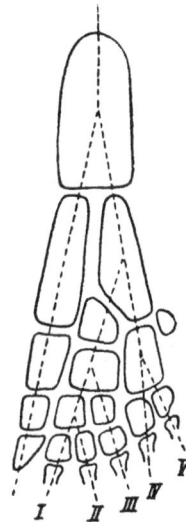

Abb. 18.
Andeutung einer siebenzehigen Extremität bei einem primitiven Amphibium der Permzeit (Trematops). Ganz rechts das Überbleibsel der 7. Zehe. (Aus Gregory-Miner 1923.) Vertl.

Will man sich ein äußerliches, sozusagen mechanisches Bild des ganzen Entwicklungsvorganges machen, so kann man dies mit Schlosser folgendermaßen tun: Die paarigen Fischflossen wie überhaupt die Wirbeltierextremitäten entstanden aus Schwielen, die sich an je einer Ecke des Rumpfes entwickelten, weil sich dieser bei der ursprünglichen Schwimmbewegung nach rechts und links vorwölbte. Diese Stellen erfuhren ihre Verstärkung durch Hervorwachsen der Muskulatur, wobei sich im Innern dieser Vorsprünge stabförmige Stützen bildeten. Bei den Fischen ging daraus die vielstrahlige Urflosse hervor, bei den Landtieren kam es zu einer Streckung der knorpeligen Achse und einer Längsteilung. Die verschiedenartige Entwicklung der Extremitäten beim Fisch und Landtier beruht auf der Unterschiedlichkeit des Lebensmediums, sie sind also von Anfang an selbständige Bildungen.

So ist durch die Erdzeitalter das ganze organische Reich in stetem Werden gewesen; es vermannigfaltigte sich, es trieb neue Äste und Zweige, aber es erstarrte auch immer wieder, und wie altes Holz brachen die müde und mürbe gewordenen Zweige wieder ab. Dabei gab es außer der zunehmenden Spezialisierung und Differenzierung innerhalb der Typen auch noch andere Erscheinungen, wie etwas das Gesetz der Größenzunahme, wonach am Anfang der Entwicklungsgänge meistens kleine, unscheinbare Gestalten stehen, bis sich, bei ungestörter Entwicklung, gegen das Ende hin erst die Riesenformen einstellen. Riesengröße und auf die Spitze getriebene Anpassung an die Umwelt aber bringen jene Einseitigkeit der Formenbildung schließlich hervor, die vielleicht das Auge entzückt, die aber das Kennzeichen eines „Sterbens in Schönheit" ist.

84

5. Die Entwicklung des Flugtieres.

Die Hauptflugtypen.

Wenn Tiertypen verschiedener Grundorganisation durch die biologischen Erfordernisse gezwungen sind, sich neuen Lebensmedien anzugleichen, so erhalten sie von der Natur oftmals sehr ähnliche Gestalt. Wie die an das Meerleben im Lauf der Erdgeschichte angepaßten Echsen oder später die Säugetiere allesamt mehr oder weniger eine Fischgestalt bekamen, so auch die in der Lebensweise den Vögeln gleichenden Reptilien und Säugetiere. Kennt doch jedermann die Fledermaus, die ein ähnliches Fortbewegungsorgan für die Luft hat in ihrem Hautflügel, wie es der Vogel in seinem Federflügel besitzt. Wenn somit, bildlich gesprochen, die Luft erobert werden soll, so sind eben „Flügel" nötig, und daher sehen wir Insekten, Fledermäuse und Vögel solche besitzen.

Auch die Luft ist einmal während der Erdgeschichte erobert worden, und zwar teilweise von anderen Typen, als wir sie heute in den Lüften sehen. Es gab Zeiten, wo selbst noch keine Insekten im Luftraum sich bewegten, und Insekten waren die ersten Formen, soweit wir es bis jetzt wenigstens durchschauen, welche jene Eigenschaft errungen haben. In den Wäldern der Steinkohlenzeit (S. 36) gab es noch keine Vögel und keine Fledermäuse und keine fliegenden Hunde oder Vampyre; nur Insekten schwirrten darin herum. Erst mit dem Erdmittelalter, und zwar mit dem Beginn der Jurazeit, treffen wir auf das erste höhere Tier, das Luftbewohner war und Flügel hatte, und erst in der oberen Jurazeit kommt das älteste vogelartige, befiederte und beflügelte Wesen in seiner Eigenart uns zu Gesicht.

Der Vogel hat einen Flügel, der längs des Armes aufgehängt ist und bewegliche Tragflächen zeigt. Die Federn können sich beim Abwärtsschlag des Flügels eng aneinander legen, um den vollen Gegendruck der Luft zur Wirksamkeit gelangen zu lassen; beim Aufwärtsschlag öffnen sie sich gegenseitig und lassen die Luft von oben nach unten durchziehen. An der Hand vorne ist die Federwirkung die eines Propellers. Der Vogel kann nur mit Vorwärtsstoß oder Anlauf abfliegen und kann sich nur schwebend erhalten durch Vorwärtsschwingen unter gleichzeitiger Gegenwirkung der Luft bzw. des Windes. Selbst wenn er mit dem Wind spiralig aufsteigt, ist es eine Art Fallen, wodurch er erst den Gegendruck hervorruft, der ihn hebt. Er kann nicht in der Luft am Platz stehen, sondern muß, auch wenn er dies scheinbar tut, doch dabei immer vorwärts streben; sonst fällt er herab. Auch kann der Vogel kaum mit Belastung fliegen. Ganz anders das Insekt. Das eine Flügelpaar wirkt als Tragfläche, das andere als Fortbewegungsorgan wie ein Propeller. Wenn man die Tragflächen stutzt, wird der Flug sogar schneller. Es kann im Gegensatz zum Vogel frei in der Luft stehen, indem es mit den Flügeln schwirrt; es kann sogar aufrecht stehen und trifft durch eben dieses, oft momentane Stehen auch den feinsten Blüteneingang richtig. Es erträgt im Flug große Belastung und schwingt sich, etwa bei der Begattung, auch mit seinem doppelten Körpergewicht durch die Luft.

Was nun die Flugbewegung betrifft, so gibt es biologische Übergänge zwischen den beiden beschriebenen Flugbewegungsarten. Denn es gibt kleine Vögel, die wie Insekten zu stehen vermögen und gleichfalls Honigsauger sind. Es gibt einen Rüttelflug bei Möven, die stehen wollen. Bei den Insekten geschieht die Flugbewegung nur mittelbar, nämlich durch Bewegen des Seitenpanzers, an dem die Flügel gelenken; der Vogelflug geschieht unmittelbar: durch die Hebelbewegung

86

des Armes selbst, an dem die Federflügel, wie beschrieben, hängen. Aus der Untersuchung fossiler Insekten und ihrer Flügelgelenke ergab sich, daß die ältesten in der Steinkohlenzeit (Abb. 19) ihre Flügel noch nicht zusammenzulegen vermochten, ihre Flugorgane waren noch plump und unvollkommen; wenn sie niedergingen, konnten sie die Flügel nur einfach seit-

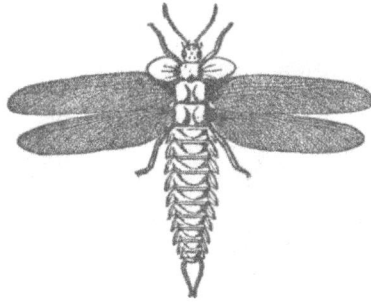

Abb. 19.
Urinsekt (Paläodictyoptere) aus der oberen Hälfte der Steinkohlenzeit mit vorderen Tragflächen und steif gelenkten Flügeln, die nicht zusammenlappbar waren. (Aus Handlirsch 1906/08.) Verkleinert.

wärts legen, wenn sie flogen, konnten sie die Flügel nur auf und nieder bewegen. Ihre Larven lebten jedenfalls noch im Wasser, und nur die Geschlechtstiere kamen daraus hervor. Bei den Jugendstadien standen damals die Flügelscheiden noch wagrecht vom Körper ab; ja wir haben Andeutungen, daß mehrere Körperabschnitte noch seitliche starre Flugflächen in verschiedener Ausbildungsstärke trugen.

Das nächste Stadium des werdenden Flugtieres ist, wie schon bemerkt, die Flugechse der Jurazeit: der Flugsaurier. Wir können zwei Gruppen unterscheiden, die allerdings teilweise durch ältere Übergangsgestalten in der Liaszeit nicht so scharf getrennt erscheinen, wie wir es hier der Klarheit wegen herausstellen. Es gibt unter den jurassischen Flugsauriern einen sehr gestreckten Typus mit langem steifem Schwanz und einen gedrungenen, fast schwanzlosen. Sie hatten Sperlings- bis Taubengröße. Der erstere ist durch die Gattung Rhamphorhynchus (Abb. 20) gekennzeichnet. Einer der Handfinger, wahrscheinlich in der Grundanlage der vierte, war stark verlängert; längs desselben war eine geschlossene fledermausartige Flug-

haut ausgespannt, die auch den Arm, die Flanke und die Hinterbeine noch säumte. Der steife, sehnige Schwanz hatte ein
vermutlich vertikal stehendes kleines Hautsteuer, der Körper
war mit Querrippen versteift, die Fingerglieder des Flügels
nicht abbiegbar, der ganze
Körper also sehr versteift.
Beim Niedergehen konnten
sich daher die Flügel nicht
falten wie bei der Fledermaus, sondern sie wurden
nur der Länge nach an
Rücken oder Flanken ange-
legt; der Steuerschwanz blieb
gestreckt. Wahrscheinlich gingen sie zur Ruhe auch auf
das Wasser nieder wie Mö-
ven, bildeten dort mit den

Abb. 20.
Rekonstruktion eines geschwänzten Flug-
sauriers etwa von Taubengröße, aus der
oberen Jurazeit. Das Schwanzsteuer muß
senkrecht stehen. (Nach Stromer v. Reichen-
bach 1912.)

Flügeln zugleich eine Art balancierendes Boot und steuerten
sich mit dem Schwanzsteuer, ähnlich wie beim Flug durch die
Luft, und hatten wohl für diesen Zweck auch Schwimmhäute
zwischen den Zehen. Vielleicht setzten sie sich auch am Strand
oder auf Felsen nieder, aber nie mit den äußerst schwachen
Beinen stehend, sondern immer versteift liegend. Aber gerade
dies läßt vermuten, daß sie die Lage auf dem Wasser bevorzugten.

Ganz anders bei der gedrungenen Form, durch die Gattung Pterodactylus repräsentiert. Der Flügel war wie bei
Rhamphorhynchus, jedoch sehr beweglich, da auch die Fingerglieder abbiegbar waren. Die Flughaut war kurz und breit,

sonst ausgespannt wie bei Rhamphorhynchus. Der Körper war nicht versteift, auch der lange starre Ruderschwanz fehlte, und so müssen wir dem Pterodactylus ein schwerfälligeres Fliegen zuschreiben und ihn in dieser Hinsicht mehr mit der flatternden Fledermaus vergleichen.

Im Gegensatz zum erstbeschriebenen Typus ging der Pterodactylus bei Einnahme der Ruhestellung nicht auf das Wasser nieder. Da seine Beine, ebenso wie die des Rhamphorhynchus, sehr schwächlich waren, saß er wohl auch nicht auf diesen, noch weniger konnte er vogelmäßig damit hüpfen, sondern er hängte sich wahrscheinlich mit den bekrallten Hinterextremitäten, wie Abel es darstellt, an Wänden oder Ästen auf. Dafür spricht auch die Einknitterung des Flügels und des unteren Teiles der längs des Körpers ausgespannten Flug- bzw. Schwebehaut; denn dadurch blieb der Flügel in der Ruhestellung nicht länger als der Körper.

Die Flugsaurier hatten vermutlich, obwohl sie Reptilien waren, warmes Blut, wofür ihre von Broili entdeckte Behaarung spricht. Man hat auch versucht, etwas über die Brutpflege zu ermitteln. Vermutlich war ihr Becken elastisch. Nach Spillmanns Untersuchungen an Fledermäusen ist dies dort ebenso, die Jungen werden auffallend lange ausgetragen, bis ihr Querschnitt zwölfmal so groß wie der des mütterlichen Beckens geworden ist. Bei der Geburt nun dehnen sich die Beckenbänder so aus, daß die beiden Beckenhälften fast bis in eine Ebene mit den sakralen Wirbelknochen, die es tragen, zu liegen kommen. Das hat den Vorzug, daß das ausschlüpfende Junge schon bald den Alten an Größe und Bewegungsfähigkeit gleichkommt. Ebenso rasch wechselt sein Milchgebiß, und ebenso rasch bekommt es seine vollen Flügel. Dies ist eine wunderbare Anpassung an die Lebensweise, und so mag es nun auch bei den Flugsauriern gewesen sein. Vielleicht waren auch sie lebendiggebärend, da sie ja auch, wie erwähnt, warmblütig waren; sie brachten, wie die Fledermäuse, wohl schon hochentwickelte Junge zur Welt.

Wie schon im Abschnitt 3 erwähnt, gehen alle Anpassungs- und Umwandlungswege vom Primitiveren, Einfacheren zum Komplizierteren und Spezialisierten, ja schließlich oft zum Überspezialisierten hinaus. So auch die Entwicklung des reptilartigen Flugwesens im Erdmittelalter. Denn in der Kreidezeit treffen wir auf eine Flugechse, die nichts mehr von der alten Einfachheit der jurassischen hat, sondern ganz grotesk uns erscheint. Der Typus ist Pteranodon (Abb. 21). Es ist, wenn

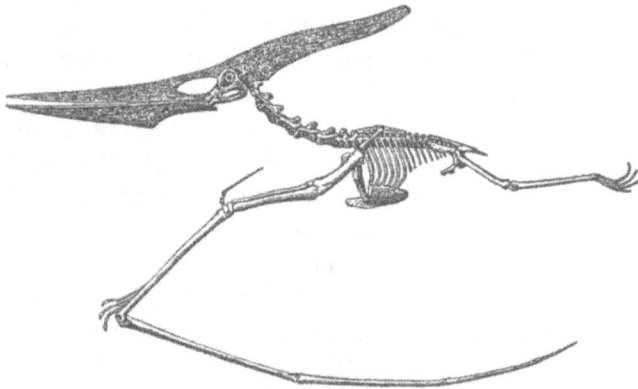

Abb. 21.
Stelettumriß des Riesenflugsauriers Pteranodon aus der Oberkreidezeit, mit dem großen Hinterhauptsfortsatz. (Aus Eaton 1910.) Sehr stark verkleinert.

man die Querstreckung der Arme bzw. der Flugfinger betrachtet, eine außerordentlich große Gestalt, wie ja die extreme Entwicklung der Körpergröße an sich schon das Kennzeichen einer Überspezialisierung ist. Der Schädel, nach vorne stark verlängert, setzt sich nach hinten in einen ungeheueren Knochenkamm fort, der vermutlich als Gegengewicht gegen die stark verlängerte Schnauze diente. Die Flügel waren außerordentlich lang, und dies deutet darauf hin, daß das Wesen keinen unruhig flatternden, sondern einen schönen freien Gleitflug hatte. Die wiederum auffallend dünnen langen Beine waren während des Fluges nicht gespreizt, auch hat sich das Tier in

90

etwaiger Ruhestellung nicht wie ein Pterodactylus aufgehängt, sondern ging vermutlich auf die Meeresfläche nieder. Durch ihr geschlossenes Aneinanderliegen beim Flug wirkten die Beine stark spannend auf die am Körper herabziehende Flug- und Schwebehaut. Außer der Herstellung des Gleichgewichtes gegen den Vorderteil des Kopfes wird der dünne rückwärtige Knochenkamm, an dem kein Muskelfleisch saß, auch als Steuer gedient haben, so wie das Schwanzsegel des jurassischen Rhamphorhynchus.

Über die Lebensweise des Pteranodon mit seinen 8 Metern Flügelspannweite macht Abel besonders interessante Angaben. Das Schultergelenk desselben ist nämlich kein Kugel- oder Pfannengelenk wie bei den Vögeln und Fledermäusen heutigestags, sondern es war ein Sattelgelenk. Das will sagen, daß es nicht wie bei jenen eine Flügelbewegung nach allen Richtungen, sondern wesentlich nach oben und unten erlaubte. Ein anderes Gelenk in der Handwurzel zeigt uns eine mögliche Flügelknickung an. Umgekehrt ist nun das Ellenbogengelenk, im Gegensatz zu den Vögeln, bei Pteranodon allseitig beweglich. Das Tier konnte daher beim Niedergehen den Flügel hochnehmen und doch beim daran anschließenden Wiederaufstieg ihn in die alte Flugstellung zurückdrehen. Darum war es kein Flatter-, sondern ein Gleitflieger. Abel meint nun, daß der Pteranodon wie der heutige Fregattenvogel lebte. Dieser „Adler des Meeres“ bleibt meist, wie der Albatros, in den Lüften, kreist stundenlang wie ohne Flügelschlag und schlägt nur beim Fortfliegen wieder langsam. Vom Boden vermag er sich nicht zu erheben, sein Nest hat er auf Felsvorsprüngen, die ihm ein unmittelbares Abfliegen gestatten. Auch bei Pteranodon sind, wie schon erwähnt, die Füße zu schwach zum Gehen oder Hüpfen gewesen. Seine Eier legte er wahrscheinlich auf Klippen und Felsvorsprüngen ab, wenn er nicht, wie die Pterosaurier der Jurazeit, die Jungen sehr lange austrug. Der Raum für die Eingeweide war sehr klein, die Verdauung ist daher wahrscheinlich nicht ausschließlich im

Bauch vor sich gegangen, sondern wurde schon in einem großen Kehlbrustsack bewältigt, der unter dem Kiefer hing und wohl auch das Gegengewicht des rückwärtigen Schädelkammes mit veranlaßte. Pteranodon hatte keine Zähne, er holte sich wohl allerlei Getier von der Oberfläche des Meeres.

Diese Art der Nahrungsversorgung hatten wohl auch die Pterosaurier der Jurazeit. Wir sehen ihre Kiefer mit langen spitzen, etwas auseinanderstehenden Zähnen besetzt, die beim Zusammenschlagen eine Art Gitterreuse bildeten. Sie strichen über die Meeresfläche hin, die Rhamphorhynchen in glattem elegantem Flug, die Pterodactylen mehr mövenartig herabstoßend, nahmen sich ein Maul voll Wasser, das abfloß, während das mitgefischte kleine Getier dann im Maul zurückblieb. Während Pteranodon also ein Hochseeleben führte — seine Skelette sind nur in frei marinen Ablagerungen gefunden — hielten sich die Juraflugsaurier an den Küsten und in seichtem Lagunengebiet auf.

Einen großen Schritt vorwärts tat das Flugwesen mit dem Erscheinen des Urvogels, der berühmten Archaeopteryx aus den fränkischen Lithographenschiefern, in denen auch die meisten und schönsten Flugechsen gefunden sind. Dieser Urvogel von Taubengröße nimmt in mancher Hinsicht eine Zwischenstellung zwischen Vogel und Reptil ein. Sehr reptilhaft ist noch die gesamte Wirbelsäule mit dem langen Schwanz und den noch freien, nicht wie bei den eigentlichen Vögeln mit dem Becken verwachsenen Sakralwirbeln. Die Hand besteht noch aus drei freien, nicht von einer Haut umhüllten, bekrallten Fingern, die greifen konnten. Die Zähne sind in den Kiefer eingesetzt, bei den Vögeln gibt es nur noch Hornscheiden über den zahnlosen Kiefern — alles echte Reptilmerkmale, während die große Schädelkapsel, der senkrecht zur Halswirbelsäule sitzende Kopf, die hohlen Knochen und das Gefieder durchaus vogelmäßig sind. Aber für einen echten Vogel ist jenes Wesen doch noch recht nieder organisiert, wie die auf unzureichendes Fliegen deutende lose Verbindung von Brustbein und Rippen zeigt; auch die Wirbelsäule ist im Gegensatz zu den jetzigen Vögeln noch sehr beweglich. In der Befiederung zeichnet sich Archaeopteryx durch die lose Verbindung der Handschwingen mit dem Skelett und durch die gestraffte Befiederung des Unterschenkels aus, was jedenfalls beim Flug, der noch unbeholfen war, wie Tragflächen wirkte. Auch der lange Schwanz ist befiedert, aber dieser besteht noch aus vielen Wirbeln, während er bei den echten Vögeln reduziert ist und nur aus Federn selbst, nicht mehr aus Wirbelknochen besteht.

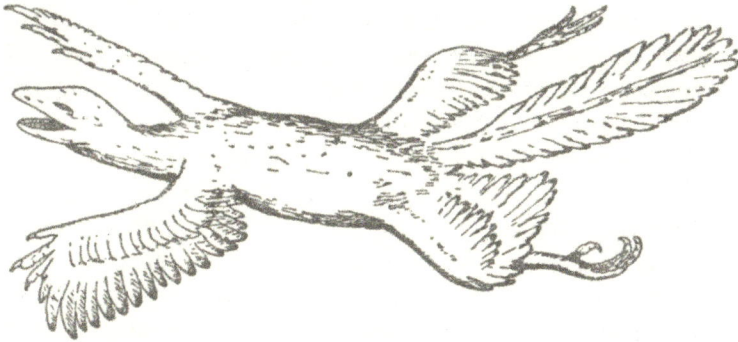

Abb. 22.
Hypothetisches Bild des Vorstadiums einer noch vierfüßigen Vogelgestalt, um die Entwicklung des Flugfederkleides darzustellen. (Aus Swinnerton 1923.) Sehr verkleinert.

Aus alledem läßt sich auf die Lebensweise schließen. Wahrscheinlich kletterte das Tier mit seinen Vorderkrallen an Bäumen und Felsen hinauf, es ging nicht auf das Meer, obwohl es in der Nähe desselben an Küsten und Inseln lebte. Es wird dann vermutlich in einem Fallschirmflug von seinen erkletterten höheren Punkten herabgegangen sein. Es nährte sich vermutlich von Früchten oder Insekten oder beidem, aber es pickte nicht wie ein jetziger Vogel seine Nahrung auf, sondern faßte sie mit den Zähnen. Die beistehende Abb. 22 stellt den Versuch dar, das primitivste Stadium des ehemaligen befiederten Vierfußtieres sich anschaulich zu machen, aus dem dann der Urvogel allenfalls hervorgegangen sein könnte.

93

Noch war aber mit der Archaeopteryx nicht das vollendete Flugwesen, der eigentliche Vogel erreicht. Die Hühner- und Entenvögel mögen etwa die geologisch frühesten Typen der gesamten Vogelwelt gewesen sein und in der Oberkreidezeit vielleicht schon gelebt haben. Durch Funde festgestellt sind in dieser Epoche aber nur flügellose Wasservögel, die keine Vorderextremitäten mehr hatten, sondern mit den hinteren im Meer schwammen, vergleichsweise wie heutige Pinguine, die aber noch Vorderextremitäten haben. Auch ein laufender Landvogel ist in der Oberkreidezeit nachgewiesen, die Hesperornis, auch ohne Flügel, aber noch mit bezahnten Kiefern, was also wieder auf einen sehr ursprünglichen Zustand deutet und keineswegs dafür spricht, daß die flügellosen Laufvögel von zuvor fliegenden abstammen müssen. Wenn wir aber mit diesen wenigen Funden und Typen die Fülle der lebenden Insekten, Vögel, Fledermäuse vergleichen, so sehen wir doch die Schwierigkeit, in die Lebewelt der Vorzeit einzudringen, die noch so überaus viele Geheimnisse für uns birgt.

Die Fledermäuse endlich kommen mit der Tertiärzeit, und ihre ältesten Vertreter bieten nichts anderes, als was auch die heutigen zeigen.

Entstehung des Fluges.

Wenn man nun solche verschiedenen biologischen Lösungsversuche der Flugfrage im organischen Reich der Vorwelt vor sich hat, dabei sozusagen verschiedene Vollkommenheitsgrade der technisch-biologischen Lösung des Problems sieht, so fragt man unwillkürlich, wie man sich — äußerlich und mechanisch gesehen — die Entwicklung jener umfassenden Eigenschaft allenfalls vorstellen kann. Denn wir neuzeitlichen Menschen haben den merkwürdigen Drang, uns nicht denken zu können, daß irgend etwas, also auch ein neuer Grundtypus der organischen Natur, unvermittelt ins Dasein treten könne; wir suchen zu allem, was erscheint, immer die Vorstufen und hoffen, bewußt oder unbewußt, endlich durch das Auffinden der aller-

94

erften Anfänge über das Wefen des Dinges felbft innere Klarheit und Wahrheit zu erhalten. Auf eben diefer abendländifch modernen Denkweife beruht ja die ganze Entwicklungs- oder Abftammungslehre, und unfere hiftorifchen Naturwiffenfchaften ftreben danach, alle biologifchen Erfcheinungen eben auf diefe ihre äußere Entftehungsweife hin zu prüfen und zu „erklären“. Das haben wir im vorigen Abfchnitt für das Landtier verfucht (S. 68), und fo verfuchen wir uns auch gewiffe Vorftellungen über das Werden des Flugwefens zu bilden, freilich nicht aus dem Blauen heraus, fondern an Hand biologifcher, phyfiologifcher und morphologifcher Gegebenheiten in der realen organifchen Welt.

Um die Frage, wie etwa das Flugwefen entftand, zu klären, gibt es in diefem Sinn zwei Wege: 1. wir forfchen nach urweltlichen Geftalten, welche uns die Übergänge etwa vom Landtier zum Lufttier zeigen; 2. wir fuchen unter den Tierformen der Jetzt- und Vorwelt alle jene Gattungen auf, welche uns in ihrer Weife weniger vollendete Stadien des Fliegenkönnens dartun. Indem wir folche Formungen vom weniger Vollendeten, alfo Primitivften, bis zum Vollendeten aneinanderreihen, bekommen wir ein Vergleichsbild, wie und auf welchen Wegen etwa fich das Flugvermögen „entwickelt“ haben könnte.

Nun gibt es eine Menge höherer Tiere mit Hautverbreiterungen, welche fie beim Herabfpringen von Bäumen oder Felfen ausbreiten, um folcherweife den Sturz aufzuhalten. Ebenfo kann durch Ausbreitung der Hautfalten auch ein Vorwärtsfprung etwa zu einem gewiffen Schweben kurzfriftig verlängert werden. An allen Körperftellen können folche Hautfäume liegen, etwa zwifchen Armen und Flanken, zwifchen Rumpf und Beinen. Ein folches mit Hautfalten beim Abfprung fchwebendes Reptil ift in Abb. 23 abgebildet. Das Eichhörnchen beifpielsweife verlängert feinen Sprung in das Schweben durch den dichten Haarfilz des Schwanzes. Es wäre nun denkbar, daß etwa älteft, fchnell bewegliche, leichte Reptiliengattungen folche Hautfalten befaßen und daß durch diese Lebensweise des schwebenden Springens und Abspringens sich endlich auf verschlungenen Wegen das flughautbegabte Echsenwesen entwickelte.

So mag es auch mit den Insektenflügeln gewesen sein. Älteste Formen hatten nur verbreiterte starre Hornflächen an den einzelnen Körperringeln und gebrauchten sie nur zum

Abb. 23.
Lebende Echse mit ausgespannten Hautfalten im Herabsprung schwebend; auf Bäumen hausend. Ideales Vorstadium eines Flugreptils. (Aus Brehm 1925.) Verkleinert.

schwebenden Herabspringen. Später wurden einzelne solcher Flächen beweglich, die übrigen aber rückgebildet, und so kam es schließlich zur Ausbildung des obenerwähnten Urinsektes mit den noch nicht zusammenfaltbaren Flügeln und den einpaarigen seitlichen Tragflächen. Wir haben gehört, daß die Larven der ältesten Insekten nur im Wasser lebten. Abel meint nun, es könnte vielleicht ursprünglich wasserbewohnende Insekten gegeben haben, die darin solche Schnelligkeit entwickelten, daß sie wie ein Flugfisch herausstoßen und eine kurze Strecke weit durch die Luft sausen konnten. Hierbei wären die gleichen seitlichen Tragflächen entwickelt worden wie beim etwaigen Abspringen von Bäumen, das wir oben in Erwägung zogen. Vielleicht gab es diese beiden Wege der Flugentwicklung bei den Insekten.

96

Die Flugfische sind insofern ein gutes Vergleichsbeispiel, weil bei ihnen eine sehr primitive Art des „Fliegens" gerade entwickelt ist (Abb. 24). Sie eilen mit sehr vergrößerten Vorderflossen durch das Wasser, richten sich schräg aufwärts, machen einige starke Schwanzschläge und gleiten schräg über die Wasseroberfläche heraus in die Luft. Dabei breiten sie

Abb. 24.
Flugfisch aus tropischem Meer, mit ausgebreiteten Flossen in Flugstellung aus dem Wasser schießend. (Nach Ahlborn aus Zaetel 1911.) Verkleinert.

erst die Flossen aus, stellen sich gegen den Wind ein, der sie nun im passiven Drachenflug möglichst hebt bzw. schwebend erhält. Solche Fische können sich auf einem Weg von etwa 100 m in der Zeit von etwa 20 Sek. in der Luft halten. Hier hätten wir also ein Beispiel, wie eine solche Eigenschaft aus ihrem primitivsten Zustand zur Entfaltung gelangt.

Sucht man sich auf die vorbeschriebene Weise „die Entstehung des Fliegens" oder die des Flugtieres als solchen zu veranschaulichen, so darf man nicht in den Irrtum verfallen, es habe sich etwa wirklich in der äußeren Körpergestaltung der fliegenden Tiere, der Flugechsen, Fledermäuse und Vögel einmal historisch eine solche Umwandlung vollzogen. Es liegt freilich in der Natur unseres Denkens, daß wir uns keinen Zustand als den grundsätzlich ersten vorstellen können: immer müssen wir notgedrungen nach einem noch vorausgehenden

suchen. Was liegt da näher, als die vorausgehenden Flugtier-
zustände jeweils in Formen zu suchen, denen die Eigenschaft
des Fliegens noch nicht in so entwickelter Weise zukommt wie
den genannten Typen. Aus solchen Vergleichen und aus der
idealen Aneinanderreihung von Formzuständen leiten wir
dann ein Bild vom „Werden des Flugtieres" ab und meinen,
so müsse sich in der äußeren Natur auch entwicklungsmäßig
die Entstehung des fliegenden Tieres abgespielt haben. Aber
das ist eben doch nur jenes die Eigenschaften häufende, also
mechanistische Denken, von dem wir verschiedentlich zu sprechen
in diesem Buch Gelegenheit finden. Ob wir damit die Natur
aber richtig fassen und verstehen? Es kann auch eine andere
Überlegung Platz greifen.

Geht man nicht vom allmählich äußerlich sich Zusammen-
setzenden aus, sondern von der inneren Urgestaltung eines
Flugtieres wie etwa der Flugechse des Erdmittelalters
oder der Fledermaus oder des Vogels, und vergleicht
man die Abschwebeflächen des Flugeichhörnchens, der Flugfische, der Schwebeeidechsen damit, so bemerkt man aus
dem Ganzen des Typus heraus, daß in beiden Gruppen
grundverschiedene Ideen verwirklicht sind. Bei den eigentlichen
Flugtieren mit Flügeln arbeitet von Grund aus die Natur
schon auf eine volle Aktivität hin, bringt ein Hebelwerk hervor,
das dem Wesen durchaus ein Sicherheben gestattet. Der Zug,
der „Wille" geht vom Boden in die Luft hinauf. Ganz anders
bei den Schwebetieren: da geht der ganze Zug von oben nach
unten zum Boden; es ist ein passives Wollen, ein möglichst
langes Halten des Schwebezustandes, der aber nicht durch eine
Aktivität, sondern durch ein der Schwere folgendes Herabspringen eingeleitet und bis zum Schluß betätigt wird. Beim
Flugtier wird ein Flügel erzeugt, beim Schwebetier Tragflächen. Beim Flugfisch endlich soll gar nicht die Luft erobert
werden, sondern es wird zuerst durch die Schwimmbewegung
ein kurzes Herausschnellen bewirkt, das gleich darauf in der
Luft in ein absolut passives Schweben übergeht. Hier sind

98

also die beiden, im höheren Wirbeltierbereich verwirklichten Gegensätze des Fliegens und Schwebens in eine Linie zueinander gebracht. Es gibt aber auch bei den höheren Flugtieren biologische Übergänge zwischen beiden Weisen des Luftdurchmessens, aber man kann nicht sagen, daß das eine aus dem anderen als genetische Entwicklungsfolge hervorgegangen sei.

Im Erdmittelalter, als die Entwicklung des fliegenden Wirbeltieres einsetzte, bemerken wir, wie schon auf S. 75 erwähnt, eine Erhebung des Landtieres vom Boden. Viele Gattungen der Echsen gehen mehr oder weniger aufrecht. Es sind die meist großen Schrecksaurier. Viele von ihnen hatten damals, obwohl in keiner Weise Flugtiere, dennoch allerhand Vogelmerkmale, so etwa mit Hornscheiden überzogene Kiefer, eine Gattung auch einen Kasuarhelm; im Bau des Beckens und der Beine sind Vogelmerkmale unverkennbar. Einige von ihnen, die Struthiomimen, waren äußerst leicht gebaut, hatten teilweise hohle Knochen wie die Vögel und konnten außerordentlich gut in die Luft springen. Dabei scheinen sie zugleich seitliche Hautfalten durch Streckung der Vorderbeine, vielleicht auch solche zwischen Hüfte und Schenkel durch Streckung der Hinterbeine nach dem Sprung ausgebreitet zu haben und konnten dadurch wohl in einem sehr langgezogenen und flachen Bogen, weit weg vom Absprungplatz, wieder zu Boden niedergehen. Hier sehen wir also einen dritten Typus: es wird nicht vom Boden aus geflogen, es wird auch nicht aus der Höhe abgesprungen und ein Schwebeflug gemacht, sondern es wird aktiv, aber ohne Flügel der Boden verlassen, dann aber wird ein bogenförmiges, nicht ein schräg nur abwärtsgleitendes Heruntergehen erzielt (Abb. 25).

So sind es also verschiedene Urbilder der gestaltenden organischen Natur, die von innen her durchaus gegensätzlich sind. Mithin sind Formenreihen, die man zwischen ihnen bildet, wohl geeignet, uns formal „die Entstehung des Fliegens" zu veranschaulichen, aber nicht genetisch wirklich; das eine stammt nicht vom anderen wirklich ab. Hinter dieses Geheimnis der Typenentstehung können wir nicht blicken. Es ist ein Wesensfehler des deszendenztheoretischen Denkens, wie es insbesondere in der darwinischen und lamarckischen Lehre hervortritt, den Urgedanken der Form, die lebendig sich verwirklichende Grundidee zu übersehen und sie verschwimmen zu lassen in Formumbildungsvorstellungen, die gar nicht das

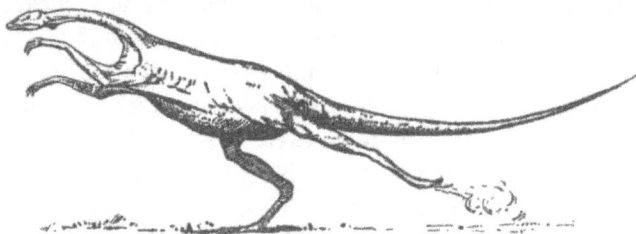

Abb. 25.
Struthiomimus, ein Schreckſaurier aus der Kreidezeit. Nordamerika, Typus eines ſpringenden Reptils mit ſtarken Hinterbeinen und verkürzten Vorderbeinen; vogelähnlich, hohlknochig. Etwa 1 m hoch. (Aus Osborn 1917.)

nnere Wesen der Sache treffen. Mit Recht sagte einmal Goethe, die Verwandlungslehre sei ein höchst gefährlicher Gedanke, denn er löse das sichere Wissen um die Form auf. Und warum dies? Weil wir den Fehler begehen, das berechtigte Suchen nach dem ersten, frühesten Zustand immer in die äußere Körperlichkeit zu verlegen. Wir meinen, daß die „Urform" in den bereits verwirklichten, physiologisch primitiveren Formen gegeben sein könne, während der erste, der früheste, der Grundzustand, also die „Urform" gar nicht in der greifbaren Körperlichkeit selbst da war, sondern eine metaphysische Potenz ist. Man darf diesen „Urzustand", von dem ein sichtbarer Typus ausging, nicht in der Körperlichkeit eines früheren Tieres sehen. Darum war es auch ein erkenntnistheoretischer Irrtum Goethes, wenn er als Urform der ganzen Pflanze das „Blatt" ansah; er verkörperlichte jene, statt sie als eine übergeordnete „Idee" zu erkennen, die sich in aller Körperlichkeit manifestiert.

100

6. Die Sinnes= und Ursinnessphäre.

Augen bei niederen Tieren.

Ebenso wie alle körperlichen Eigenschaften, ebenso wie die Gattungen und Arten selbst aus einfachsten Formbildungen hervorgingen und erst nach und nach vollendetere Bildungen sich jeweils an die Stelle der ersten Abwandlungen und Tastversuche der Formbildung setzten, kann man dies auch für die Entwicklung der Sinnessphäre und des Gehirns im ganzen verfolgen. Gerade die Entfaltung des Schädels, soweit er das bewußte Wesen eines Organismus und seine sinnenhafte Reflexion umschließt, ist vorzüglich geeignet, den Aufstieg der tierischen Organisation durch die verschiedenen Grundtypen zu spiegeln.

Dort, wo wir das Leben in deutlich erhaltenen Formen beginnen sehen, am Anfang des Erdaltertums in kambrischer Zeit (S. 32), sind die Krebse die höchstentwickelten Tiere, und sie zeichnen sich schon durch den Besitz von Fühlerantennen und Augen aus. Auch die heutige Lebenswelt zeigt noch alle Stadien der Sinnesentwicklung von niedersten Ausbildungen bis zu den höchsten, die im Menschen im allgemeinen gipfeln. So können wir nicht nur aus der Aufeinanderfolge und Entfaltung der vorweltlichen Gestaltungen, sondern auch durch Reihenbildung aus den heutigen Lebewesen gewisse Stufen der Vollendetwerdung der Sinnes- und Gehirnsphäre anschaulich machen. Dabei ist die Entwicklung des Auges durch alle Zeiten hindurch ein besonders anschaulicher Maßstab für die Gesamtentwicklung der Sinnessphäre und des daran angeschlossenen Gehirns.

Es gibt im Tierreich mehrere Arten von Augen, die teilweise ineinander übergehen können. Jhre Ausbildung schwankt zwischen einfachen lichtempfindlichen Farbflecken, die sich bei niedersten einzelligen Tierchen und bei Krebslarven schon zeigen, übergehend zu Vertiefungen, Becherchen und Bläschen mit schwach angedeuteter lichtbrechender Substanz, um dann schließlich vollendeteren Organen zu weichen, welche nun durch eine Camera obscura, durch Linsenkörper und andere immer vollkommenere Einrichtungen sich auszeichnen, wie das Auge des Menschen und der Säugetiere. Jm übrigen besitzen unter den niederen Tieren einzelne Muscheln, dann auch Quallen an ihren Mantelrändern gelegentlich zahlreiche, nebeneinander aufgereihte Bläschen bzw. Becherchen mit Pigmentanhäufungen, denen sich bei Stachelhäutern, Würmern, Krebsen und Insekten auch Linsenkörperchen in allen Graden der Vollendung zugesellen und die wir in derselben Weise auch bei ihren vorweltlichen Vertretern annehmen, ja in einzelnen Fällen durch die entsprechend erhaltenen Bildungen des harten Skeletts nachweisen können. Unter den Primitivaugen gibt es einfache Punktaugen und zusammengesetzte Fazettenaugen. Die ersteren bestehen aus einfach lichtbrechenden Chitinkörpern, die letzteren aus einer bienenwabenartigen Häufung von solchen. Gerade diese beiden einfachsten Formen des Auges kommen bei niederen Tieren mit horniger oder chitinöser Körperbedeckung typisch vor, also bei Krebsen und Insekten, und sind die erdgeschichtlich älteste Form des für uns nachweisbaren Auges.

Bei den Trilobitenkrebsen, die uns vollentwickelt mit Beginn des paläozoischen Zeitalters (S. 33) entgegentreten, besteht das Sehorgan im einfachsten Fall aus je ein paar Punktaugen, die einzeln waren oder aus mehreren gleichartigen plankonvexen oder prismatischen Chitinlinsen bestanden (Abb. 26). Sie saßen auf erhöhten runden oder geschwungenen Augenhöckern, und die Augenhöcker selbst sind bei manchen Gattungen gelegentlich ohne Linsen, so daß sich solche Formen

102

als blindgewordene Rückbildungsstadien erweisen. Sekundäre Erblindungen beobachtet man auch an lebenden niederen und höheren Tieren, und zwar immer dann, wenn die betreffenden Gattungen ursprünglich, sei es im Meer, sei es auf dem Land und im Süßwasser Lichtbewohner gewesen waren, dann aber

Abb. 26.
Gestreckter Trilobitenkrebs der Silurzeit mit starkem viellinsigem Fazettenauge (dunkel). Darüber das Polster ist das Kopfschild, kein Fazettenauge. (Aus Swinnerton 1923.) Natürliche Größe.

sich einer anderen Lebensart in tieferen lichtlosen Wasserschichten oder Erdspalten und Höhlen anbequemten und dort des überflüssig gewordenen Augenorgans verlustig gingen (S. 33). Bei den kambrischen Trilobiten nun darf man wohl annehmen, daß sie durch Anpassung an das Wühlen und Sitzen im Schlamm des Meeresbodens solche rückgebildeten Augen bekamen.

Das Gegenstück sind Krebse mit stark vergrößerten Fazettenaugen, bei denen die einzelnen Linsenkörperchen außerordentlich vermehrt werden. Auch das steht im Zusammenhang mit dem Aufenthalt im Dunkeln, nämlich in der lichtlosen Tiefsee. Eine solche Vermehrung bzw. Vergrößerung der Sehfläche wurde wahrscheinlich dadurch angeregt, daß die Stammformen solcher Tiere zuerst tiefere Zonen aufsuchten, in denen das Licht schwächer wurde, dort verharrten, und daß im selben Maß die Linsenkörperchen vermehrt wurden, um das schwächer und schwächer werdende Licht möglichst aufzufangen und den Reiz dem Sehnerv in möglichster Menge zuzuleiten. Kamen sie dann im Lauf der Zeit in immer dunklere und schließlich ganz dunkle Tiefen, so war auch diese Sehfläche unnötig geworden, und nun konnte die völlige Rückbildung einsetzen.

103

So mag es geschehen sein, daß es auch bei den erwähnten Trilobitenkrebsen große Augenhöcker, aber ohne Linsen, und daher
erblindete Formen gab.

Man kann sich vorstellen, daß die einfachsten Augengebilde
der gepanzerten Tiere ihren Ausgang nahmen von Stellen
der chitinösen Körperhaut, die zuerst durchsichtig und dann
vom Gehirnknoten innerviert wurden.

Das Eigentümliche bei Krebsarten und vielen Insekten,
auch Spinnen, ist nun das Mitauftreten von allerhand anderen

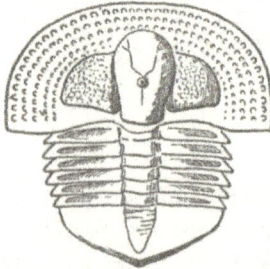

Abb. 27.
Trilobitenkrebs aus der Unter-
silurzeit mit einem ozellenartigen
Einzelauge auf der Schädelglatze.
(Nach Ruedemann 1916.) Ver-
größert.

Ozellen, d. h. augenartigen Gebilden auf dem Kopf, die nicht
mit den Augen selbst in unmittelbarem Zusammenhang stehen.
Solche Bildungen erscheinen bei einem krebsartigen Wesen,
dem Limulus, der am nächsten den schon beiläufig genannten
Merostomen (Abschnitt 7, S. 120) des Erdaltertums verwandt ist; auch die Merostomen selbst hatten solche Ozellen in
paariger Anordnung (Abb. 36 C, D). Ferner machte Ruedemann auf das Vorkommen eines unpaaren derartigen Ge-
bildes bei silurzeitlichen Trilobiten aufmerksam (Abb. 27). Es
liegt auf der Glatze und besteht meistens aus einem Höckerchen
mit Chitinlinse. Es fehlt aber den Trilobiten des kambrischen
Zeitalters oder war bloß als lichte Stelle in der Panzerhaut
entwickelt, zeigt sich erst in der Silurzeit in voller Ausprägung
und verschwindet schon wieder in der Devonzeit.

Nach einer anderen Auffassung ist dieses mediane Augen-
höckerchen gar kein augenartiges Organ gewesen, sondern
die Außenversteifung einer inneren Ansatzstelle des unter dem

104

Kopfschild liegenden Herzbandes. Trotzdem glaube ich, einerseits wegen der Analogie mit den oben genannten altertümlichen krebsartigen Merostomen, daß hier ein richtiges ozellenartiges Organ vorlag, das allerdings später, wie schon gezeigt, sich ganz verlor, bei manchen Sippen sich aber vielleicht umwandelte und unter Rückbildung der Linse die erwähnte Funktion übernahm. Es ist ja nichts Ungewöhnliches, daß Organe mit bestimmter Aufgabe und von bestimmtem Spezialbau später umgewandelt und mit einer neuen Funktion betraut werden. Doch sind neuerdings auch andere Gattungen bekanntgeworden, die genau an der Stelle der sonst vorhandenen Fazettenaugen ein Einzelhöckerchen haben. Das kann wohl nicht als Muskelansatz gedeutet werden. Man sieht nebenbei daran, wie schwierig es oft für den Paläontologen ist, die fossil übermittelten Formen und ihre Organe zu deuten.

Man möchte nun freilich auch wissen, was diese Ozellen und ozellenartigen Organe für eine Bedeutung hatten. Dienten sie nur zum einfachen Sehen wie die sonstigen und gleichzeitig mit ihnen meistens vorhandenen Normalaugen? Darüber ist nun noch nichts Bestimmtes ermittelt. Wenn beispielsweise Hesse sagt, die geringe Lichtstärke der Fazettenaugen biete die Erklärung dafür, daß neben ihnen bei vielen Insekten noch zwei oder drei Stirnozellen vorhanden seien, deren Linse größer ist als die Einzellinse in der Fazette, so ist das angesichts der großen Augen bei den Merostomen keine zureichende Erklärung für ihre Bedeutung; und Hesse fügt ja auch selbst bei: „Es scheint, daß die Stirnozellen ganz besondere Funktionen haben, die nicht bei allen Insekten notwendig dieselben zu sein brauchen." Das gilt ganz ebenso für die oben besprochenen Krebse. Und überdies schafft die Natur nicht behelfsmäßig.

Nach unserer Auffassung sind alle solchen Ozellaraugen, die nicht nur neben den normalen Augen vorhanden sein können, sondern auch in ganz anderer ortsmäßiger Grundstellung zum Zentralnervensystem gelagert sind, Apparate zur Aufnahme von Fernwirkungen, seien es Ätherschwingungen etwa analog den Radiowellen, seien es sonstige Vibrationen der Luft oder molekularer Fluida in derselben, welche die uns an sich so rätselhafte Fernwirkung natürlicherweise aufnehmen und es ermöglichen, daß sich solche Wesen gegenseitig oder ferne Dinge durch Räume hindurch bemerken, wie es für die normalen Sinnesorgane nicht möglich wäre. Auf diese interessante Frage werden wir bei einem analogen Organ der älteren Wirbeltiere noch zurückkommen.

Ursinne bei höheren Tieren.

Die ältesten Fische oder, besser gesagt: fischartigen Gestalten sind gepanzerte Wesen (Abb. 3, S. 34). Ihr Schädel und Rumpf war von Knochenplatten belegt, die in ihrem Ursprung Hautverknöcherungen sind, so daß ein derartiger Schädel

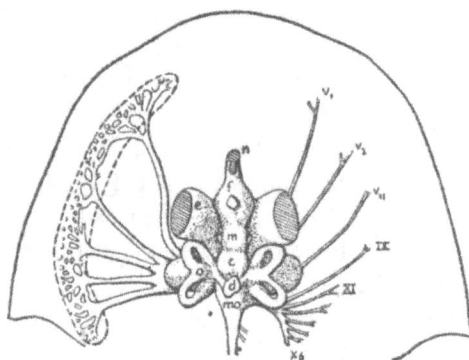

Abb. 28.
Gehirnbild eines Panzerfisches der Devonzeit mit den ursprünglichen Sinneszentren. (Aus Stensiö 1925.) Verkleinert.

nichts zu tun hat mit dem Knochenaufbau eines spätzeitlichen Fisch- oder Wirbeltierschädels. Dementsprechend war auch die Anlage des Zentralnervensystems, insbesondere des Gehirns und mit ihm der Ursinnesorgane eine ganz andere, und wir blicken hier tief hinein in einen Frühzustand des höheren Tieres (Abb. 28).

106

Bei den devonischen Panzerfischschädeln, bei denen man nach den wundervollen Untersuchungen von Stensiö auch die Gehirnanlage sehr genau kennt, haben wir es in der Mittellinie mit mehreren Öffnungen zu tun, die bei den einzelnen Typen etwas verschieden gestaltet sind. Ganz vorne (Abb. 29) liegt

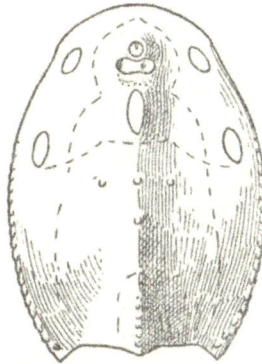

Abb. 29.
Panzerfischschädel aus der Devonzeit mit den hintereinanderliegenden Austrittsstellen der Ursinnesorgane. Die seitlichen vier Öffnungen wahrscheinlich Kiemenlöcher. (Umgezeichnet nach Patten 1901.) Verkleinert.

ein unpaares rundes Organloch, das als Nasenöffnung bezeichnet wird; hinten ein mit der Zirbeldrüse korrespondierendes Pinealloch, das entweder seitlich flankiert wird von großen Augenöffnungen, oder zuweilen auch mehr hinter diesen liegt, wie es unsere Abbildung zeigt, wobei die beiden Augenöffnungen wirklich oder scheinbar in der Mitte zusammengerückt sind, wo sie in einem querovalen Loch verschmelzen, das nun durch ein kleines loses Plättchen im Leben zweigeteilt war. Es müssen also die Augen in einer ganz übertriebenen Weise zusammengetreten sein. Rätselhaft bleibt dieser Bau eines Organes von augenartigem Charakter immerhin, und es ist durchaus denkbar, daß auch darin ein noch gar nicht den Augen späterer Fische und Amphibien vergleichbares Organ sich befand. Alles in allem lagen hier also Gehirnorgane nach außen offen da und standen mit der Umwelt in einer so unmittelbaren Verbindung, wie es späterhin bei fortschreitender Entwicklung nicht mehr stattfand. Jedenfalls haben wir es hier mit einer ganz ursprünglichen und von allem Späteren

107

abweichenden Gehirn- und Sinnesentwicklung zu tun. Diesen merkwürdigen Frühzustand habe ich die „Ursinnessphäre" genannt, und wenn man sich ein schematisches Bild von ihr machen will, so kann man beistehende Figur Abb. 30 nehmen,

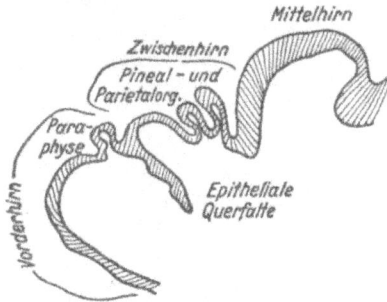

Abb. 30.
Die Ausstülpung primärer Gehirnteile der Ursinnessphäre unmittelbar nach dem ersten Anlagestadium des Gehirns. (Aus Wiedersheim 1902.)

die aus dem Primitivzustand eines jetztweltlichen Wirbeltiergehirnes konstruiert ist.

Ein weiter fortgeschrittenes Stadium, bei dem die Ursinnessphäre schon weitgehend von der Außenwelt abge-

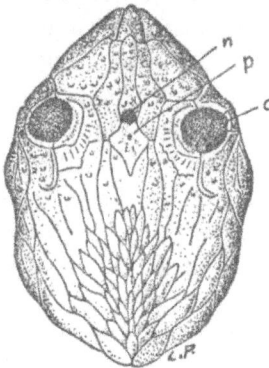

Abb. 31.
Schädelaufsicht eines silurzeitlichen primitiven Fisches (Anaspide) mit einem unpaaren vorderen Stirnaugen (fälschlich Nasenloch) und einem dahinter gelegenen sehr kleinen Scheitelauge (Pinealauge). Rechts und links die großen Normalaugen. (Aus Kiaer nach Romer 1933.)

schlossen ist, zeigt etwa der beistehende Schädel eines ebenfalls sehr frühzeitlichen Fisches (Abb. 31), wo ein richtiges unpaares, zur Ursinnessphäre noch gehöriges Stirnauge, nämlich in dem Frontalknochen liegend, vorhanden und in Funktion gewesen ist. Dieses Stirnauge aber wird dann auf

108

einer folgenden Stufe von einem zwischen den beiden Scheitelknochen liegenden Scheitelauge ersetzt, das bei dem abgebildeten
Fischschädel erst ganz winzig nur entwickelt ist. Es gibt auch
einen devonischen Panzerfisch, auf dessen Schädeldach über
den zwei seitlichen Normalaugen ein einziges feines richtiges
Stirnauge, im Frontalknochen liegend, vorhanden ist. Beide,
das Stirn- und das Scheitelauge, standen mit den Urdrüsen
in Verbindung, ersteres mit der Paraphyse, letzteres mit der
Pinealdrüse oder dem Parietalorgan.

Eindeutiger als bei jenen alten Fischen liegt bei den
ältesten Amphibien (Abb. 32) und Reptilien eine Art Augen-

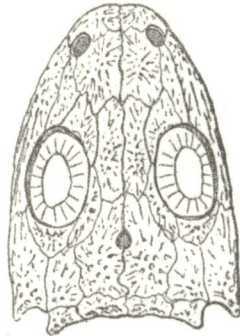

Abb. 32.
Schädel eines primitiven Amphibs
aus der Permzeit, flach, mit dem
unpaaren Scheitelauge über den
Normalaugen. (Aus Jaekel 1911.)
Etwa natürliche Größe.

öffnung im hinteren Teil des Schädeldaches, die zwischen den
Scheitelknochen austritt und nun mit Bestimmtheit als Scheitelauge bezeichnet werden kann. Eine überlebende Gattung
älterer erdgeschichtlicher Epochen, Hatteria von Neuseeland,
besitzt dieses Parietalorgan noch fast unvermindert, und
in ihm liegt ein augenartiges Organ, das von einer Haut über-
kleidet und etwas dadurch rückgebildet erscheint, sich aber
anatomisch durchaus als Auge bezeichnen läßt. Es hat (Abb. 33)
einen inneren Hohlraum, entsprechend der Camera obscura
aller Wirbeltieraugen, eine Netzhaut, einen Linsenkörper,
Sehstäbchen und andere zweifellos augenhafte Einzelheiten.
Eidechsen, Chamäleon unter den Reptilien, Blindschleiche und
Frosch unter den Amphibien besitzen es, allerdings in sehr

verkleinertem und start rückgebildetem Zustand. Beim Frosch liegt es in den Stirnknochen und heißt bei ihm Stirnfleck. Es steht in unmittelbarer Beziehung zur Epiphyse oder Zirbeldrüse, die bei sonstigen höheren Tieren, insbesondere Säugetieren, durch die starke Entfaltung des Großhirns unterdrückt wurde, ihre organhafte Verbindung mit der Außenwelt durch das Scheitelloch einbüßte und andere Funk-

Abb. 33.
Stark vergrößertes Scheitelauge der altertümlichen Brückenechse Hatteria aus Neuseeland, unter einem dünnen Hautüberzug gelegen. (Aus Dacqué 1924 nach Spencer).

tionen, wie Sekretausscheidungen für die Genitalsphäre und für die Regulierung des Knochenwachstums, übernahm. Bei Mißbildungen allerdings kommt sie gelegentlich noch als „epizerebrales Auge" noch einmal zu jener altertümlichen äußeren Entfaltung.

Es ist nun wichtig, daß die Zirbel noch ein Nebenorgan, die Paraphyse, hat, die jetzt im selben Sinne ein rudimentäres und noch mehr rückwärts unter das Großhirn verlagertes Organ, ehedem gleichförmig neben ihr gelegen, haben kann. Es ist darum nicht unwahrscheinlich, daß ihre Rückentwicklung schon früher begann als die der Zirbel, so daß jene alten Amphibien und Reptilien der Karbon- und Permzeit bereits eine rückentwickelte Paraphyse, dagegen noch eine nach außen tretende Epiphyse, wie es tatsächlich zutrifft, besaßen. Wir müßten somit in noch ältere erdgeschichtliche Zeiten hinabsteigen, um Tiere zu finden, bei denen auch die Paraphyse

110

noch mit einer peripheren Organbildung nach außen trat, das Schädeldach also sinngemäß noch eine zweite Öffnung haben mußte. Das aber ist, wie wir zeigten, bei den silurisch-devonischen Panzerfischen (Abb. 29) teilweise der Fall gewesen, und so haben wir damit eine schlüssige Deutung für jene Öffnungen und für die Geschichte jener scheinbar überzähligen „Augen", die angesichts der großen, bei allen Wirbeltieren entwickelten Normalaugen gewiß nicht eine bloße Sehfunktion ausgeübt haben.

Bedeutung der Ursinnessphäre.

Was aber mögen nun jene merkwürdigen Organe bedeutet haben, die bei ältesten Panzerfischen als Stirnauge, bei ältesten Amphibien und Reptilien in dem Scheitelauge noch so unverkennbar vorhanden waren und in der Restform der australischen Hatteria auch heute noch erkennbar sind? Es muß eine unseren fünf Sinnen unverständliche Funktion gewesen sein; sie müssen auf andere Weise gewisse Qualitäten der Merkwelt vermittelt haben. Das läßt sich auf folgende Art nun begründen oder wenigstens wahrscheinlich machen.

Es gibt auch bei den heutigen höheren Tieren Sinnesorgane, die sich embryonal anlegen, ehe das Großhirn zur Entwicklung kommt. Orientiert man ein Wirbeltier so, daß man alles oberhalb des Zentralnervenstranges (Gehirn und Rückenmark) Gelegene als dorsal, alles darunter Gelegene als ventral bezeichnet, so legt sich gerade der Geruchssinn im frühesten Stadium der Schädelentwicklung ventral vom Gehirnknoten an (Abb. 34 A) und dies zu einem Zeitpunkt, wo weder Auge noch Ohr noch andere Gefühlskomplexe und -nerven der Körperoberfläche entwickelt sind, ebensowenig wie das Großhirn selbst. Dieser Uranlage des Urgeruchorgans ist nun unmittelbar eine andere Organbildung nebengelagert, die Hypophyse (Abb. 34 A). Sie ist ein Seiten- oder Doppelorgan zur Urgeruchssphäre, aus welch letzterer später teilweise das Nasenorgan hervorgeht. Wie nun Abb. 34 B ausweist, wird nach

111

kurzer Zeit dieses Riechorgan mitsamt der Hypophyse nach vorne-oben verlagert; in einem weiteren Stadium (Abb. 34 C) wird die letztere in die Tiefe versenkt, um von da ab nicht mehr so unmittelbar mit der Außenwelt in Beziehung zu stehen,

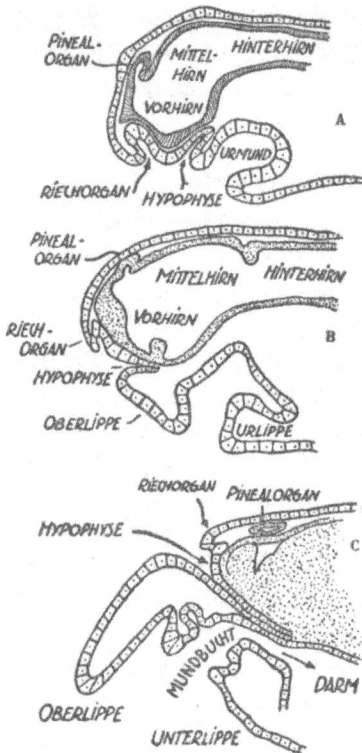

wie es das Nasalorgan nach wie vor tut; doch bleibt die Hypophyse mit diesem in ersichtlichem Zusammenhang. Unten aber, wo die Organe zuerst lagen, hat sich inzwischen Unter- und Oberlippe des Urmundes gebildet (Abb. 34 C).

Ein Wesen — es ist zunächst noch rein fiktiv — das nun mit diesen ersten Stadien seiner Sinnesentwicklung selbständig in einer Umwelt leben müßte, „riecht" oder „wittert" also bereits zu einer Zeit, wo es weder

Abb. 34.
Entwicklung des Gehirns der Larve eines niederen Fisches (Neunauge), die Entstehung und Verschiebung der primären Sinnesorgane in 3 Stadien A—C andeutend. (Nach Wiedersheim 1902.) Etwas vereinfacht und stark vergrößert.

durch Augen von weiß und farbig, noch durch Ohren von laut und leise, noch durch Geschmack von bitter und süß reden könnte und wo es vor allem kein Großhirn hat, durch das es solche Sinneseindrücke reflektieren könnte; es würde nur die einzelnen Gegenstände als solche riechen und wittern. Wir haben damit also den sehr realen Hinweis auf ein ideales Vorbild eines Urtieres mit Sinnesorganen und Sinnes-

112

qualitäten, die den späteren, uns verständlichen, nicht unmittelbar gleichen.

Aber das ist noch nicht alles. Denn ebenso, wie sich vor der
Entfaltung des Großhirns der Nasal- und Hypophysensinn
miteinander anlegen, geht es auch mit zwei anderen Organen
auf der dorsalen Gehirnseite: dem Pineal- bzw. Parietalorgan
und der Paraphyse (Abb. 34). Sie sind beim höheren Tier,
beim Säugetier heute noch vorhanden, sind aber ebenfalls, wie
die vorbeschriebene Hypophyse, ins Innere der inzwischen entfalteten Großhirnmasse verlagert und haben die Funktion übernommen, Sekrete auszuscheiden, die wahrscheinlich einerseits
mit der Geschlechtssphäre, andererseits mit dem Größenwachstum und der intellektuellen Ausreifung in Beziehung
stehen. Bei niederen Landtieren, wie Amphibien und Reptilien, liegen sie noch mehr außenseitig und legen sich auch beim
Säugetier und Menschen embryonal noch so an. Im frühesten
Zustand sind sie gegenüber dem Großhirn selbständige Bildungen.

Bei jetztweltlichen Reptilien, wie Eidechsen, Blindschlei-
chen, Chamäleon und der erwähnten altertümlichen, noch aus
dem Erdmittelalter stammenden Echse auf Neuseeland, steht
nun die gehirnliche Pineal- und Parietaldrüse noch in Beziehung
zum Scheitelauge, bei den genannten Formen zwar etwas
rückgebildet und von einer dünnen Haut bedeckt, aber un-
zweifelhaft als Auge erkennbar (Abb. 33). Dieses pineale
oder parietale Scheitelauge ist aber, wie gezeigt, bei erdgeschichtlich frühen Reptilien und Amphibien voll entwickelt
gewesen (Abb. 32).

Auch die in Abb. 34 dorsal vom Gehirn liegenden Organe
sind nun im Embryonalzustand heute lebender niederer Fischformen nachweislich früher da als das echte Normalauge und das
Gehörorgan. Auch sind sie schon in einem Stadium der Gesamt-
kopfentwicklung vorhanden, wo die oben besprochene, ventral
gelegene Hypophyse mit dem Urnasenorgan noch frei daliegt,
und jene noch nicht nach innen verlagert ist. Wir haben also

hier in der Gesamtheit eine periphere Zone von Ursinnesorganen. Bedenkt man nun, daß zur Zeit dieses freien Daliegens aller jener peripheren und später nach innen verlagerten Organdrüsen das Großhirn als Sitz der Reflexionstätigkeit noch nicht entwickelt ist, so haben wir hier eine ganz ursprüngliche und aus verschiedenen Teilen bestehende Sinnessphäre vor uns, die zeitlich-stammesgeschichtlich vor der Großhirnentfaltung liegt und die, wie wir gerade durch die Bezugnahme auf gewisse fossile Tierformen sahen, auch einmal wirklich als solche funktioniert haben könnte. Es läßt sich aber noch mehr sagen, wenn wir es zu Ende denken.

Jene Ursinnesorgane bzw. ihre heute noch im Gehirn vorhandenen Drüsen sind nun ersichtlich eine ganz selbständige Sphäre von Anfang an und zeigen dies auch heute noch in der embryonalen Gehirnentwicklung; denn sie nehmen nachweisbar gar nicht vom Großhirn, unter dessen Überwucherung sie später verhüllt sind, ihren Ausgang, vielmehr entsenden sie ihrerseits Nerven, die sich selbständig in das Gehirn einsenken, gerade wie die Würzelchen eines eingesetzten Pflanzenkeimlings sich in das Erdreich senken. Wie nun die Pflanze eine Welt für sich ist und das Erdreich auch, so sind vergleichsweise auch jene Ursinnesorgane innerhalb des ursprünglichen Gesamtorganismus eine Sinnessphäre für sich gewesen. Als deren Einzelorgane daher wesentlich nach außen wirkten und, noch nicht rückgebildet, wie jetzt, bloß nach innen allein sekretorische Tätigkeit ausübten, mußte die von solchen Tieren perzipierte Umwelt von anderer Qualität gewesen sein; d. h. jene Sinnessphäre selbst muß in ihrer Gesamtheit anders gewirkt haben als eine mit dem reflektierenden Großhirn erst aufkommende der höheren Tiere, die aus den normalen Sinnen des Auges und Ohres vornehmlich besteht.

Waren jene Sinne ursprünglich in ihrer Arbeitsweise unabhängig vom damals noch gar nicht vorhandenen Großhirn, so verloren sie diese Selbständigkeit mehr und mehr, als sie sich auf die beschriebene Weise mit dem werdenden Großhirn

114

verbanden, dann von ihm ergriffen, und umgriffen, schließlich von ihm mehr oder weniger überdeckt und zuletzt beim
Säugetier und Menschen von der Außenwelt völlig abgeschnitten wurden. Schritt um Schritt damit schlossen sich auch
die Schädellöcher; zuerst die der alten Fische (Abb. 29), so
daß nur das Parietal- bzw. Pinealorgan der Amphibien und
Reptilien übrigblieb (Abb. 32), bis endlich das Säugetier
auch dieses nicht mehr zeigt. Dafür aber bildete sich bei ihm
der starke Gehirnschädel aus, es bildeten sich immer vollendeter
Auge und Ohr aus, also gerade jene Sinnesorgane, die mit
dem einfachen Geruch und Geschmack uns heute allein bewußt
gegeben und in ihren spezifischen Qualitäten unmittelbar bekannt sind.

Wir sahen, daß nach Abb. 34 sich mit dem ventralen
Hypophyseorgan schon gleichzeitig die dorsalen Zirbel- und
Paraphysendrüsen voll anlegen. Dann erst bildet sich der
eigentliche Gehirnschädel aus, und zwar sowohl embryonal
wie lebensgeschichtlich. Mit ihm zugleich entwickelten sich die
Organe des Gehörs und Gesichts, ebenso des Geschmacks und
Geruchs, wie sie uns bekannt sind. Aber gerade diese späten
Organe und ihre Tätigkeit sind uns ja allein verständlich,
da wir selbst ihrer Wirkung bewußt teilhaftig sind.

Nun ist es doch eigenartig, daß wir alle Sinneseindrücke
in abstrakten, also verständlichen Bezeichnungen wiedergeben
können, wie warm und kalt, hell und dunkel, bitter und süß;
aber bei den Geruchseindrücken des Nasalorganes können wir
nur Vergleiche gebrauchen: es riecht süßlich, es riecht wie das
und das. Das Nasalorgan ist aber gerade jenes unserer jetzt
bewußt gebrauchten Organe, das schon in der Ursinnessphäre
mit angelegt war. Es allein ist auch noch mit einem solchen
Urorgan in Verbindung, mit der Hypophyse. Gerade das
Geruchs- oder Nasenorgan, das wir bei manchen Tieren noch
mit der hellseherischen „Witterung" begabt finden, ist also
ursprünglich mit einem Organ jener Ursinnessphäre in nächster
Verbindung gewesen. Das Ältere und mit der Ursinnessphäre

Verbundene hatte somit irgendwie hellseherische, also die Orts- oder Zeitenferne aufnehmende Qualität.

So liegt es nahe, den letzten Schritt zu tun und auch in den anderen ursprünglichen Organen vorgroßhirnlicher Zeit Sinnesorgane mit solchen Begabungen und Funktionen zu sehen. Wir werden somit von selbst auf die Vermutung geführt, jene anderen Organe mögen einzeln und in ihrer Gesamtheit einer hellsichtigen, hellhörigen, fernwitternden und fernwirkenden Tätigkeit gedient haben, andere Qualitäten der Umwelt aufgenommen, andere Arten der Leistung vollbracht haben. Ihre Tätigkeit war also etwas anderes als die der späteren, mit der Großhirnsphäre entstandenen Sinnesorgane, deren auch wir nun teilhaftig sind. Es gibt somit noch jetzt in der embryonalen Uranlage des Gesamtgehirns und es gab vollentwickelt bei fossilen Gattungen früherer Epochen eine Sinnessphäre, die vor der Großhirnzeit lebendig mit der Außenwelt in Verbindung stand, später rückgebildet wurde, um nur noch Sekrete auszuscheiden und damit nun anderen Körpersphären und unbewußten Körpertätigkeiten zu dienen (Sexualleben, Körperwachstum), die ja auch ganz oder allergrößtenteils sich der Kontrolle des Intellektes entziehen und im Instinktiven und Unbewußten liegen.

Das Wesen der Rückentwicklung jener uralten Sinnessphäre ist ausgedrückt in der immer mehr zunehmenden Entwicklung des Großhirns, das schließlich die alten, freiliegenden Urorgane überwölbte, indem es sich nach vorne ausbreitete. Damit mußten notwendig auch im Schädel der höheren Tiere jene alten Sinnesöffnungen verschwinden. Die höheren Reptilien und die Säugetiere des Erdmittelalters zeigen daher nichts mehr von der Ursinnessphäre, und auch dem Menschen ist sie verlorengegangen.

Intellekt und Reflexion, was im Großhirn sitzt, ist nun jenes Verhalten oder Aufnehmen der Umwelt, dem gerade alle jene Eigenschaften fehlen, welche wir kurzweg als hellseherisch, hellhörig — mit einem Wort: als natursomnambul

116

erkennen und empfinden. Betätigten sich somit andere Sinnesorgane als die mit der Intellektualsphäre des Großhirns ver-
bundenen, die erst später entstanden, so waren die mit der
älteren Sinnessphäre begabten Tiere zugleich auch Wesen,
welche jene anderen Ursinnesempfindungen als normales
Besitztum hatten. Heute noch haben, wie gesagt, einzelne
Tiergestalten Reste jener uralten Organe. Die Echsen und
ihre Verwandten wurden genannt; bei Insekten und Krebsen
treffen wir es gleichfalls noch an. Daraus könnten einer fortgeschritteneren Tierpsychologie wichtige Erkenntnisse und Er-

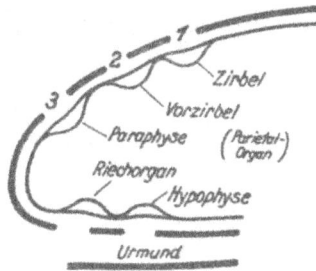

Abb. 35.
Schematische Darstellung der Teile
der Ursinnessphäre mit darüber-
gezogenem Schädelbach, dessen
Öffnungen 1—3 die äußere Lage
der Ursinnesorgane zeigen. (Aus
Dacqué 1928.)

klärungen fließen. Was wir heute noch bei Tier und Mensch
an hellseherischen, hellhörigen, telepathischen Eindrücken finden,
wird daher wohl auf der Innenfunktion jener Organe und
Organrudimente beruhen. Und bei alledem versagt ja, wie wir
wissen, jede intellektualistische Erklärung, wie beim „Fernwittern"
des Hundes oder bei der „Antennenwirkung" der Insekten.

Konstruieren wir uns nun, um der ganzen Sache noch eine
letzte konkrete Anschauungsform zu geben, einen Urschädel
mit Sinnesöffnungen, welche der Lage der Ursinnesorgane
beim Embryonalschädel entsprechen, so bekommen wir das bei-
folgende schematische Bild (Abb. 35). Das aber entspricht
gerade jenem alten Panzerfischschädel (Abb. 29), den wir
schon betrachtet haben und von dem wir als einer gegenständlichen Unterlage ausgegangen waren, um zu unseren Schlüssen
zu gelangen. Und dies eben war der Zustand, bei dem die
Ursinne nach außen voll in Tätigkeit gewesen sein müssen.

7. Entwicklung und Umwelt.

Vom Primitiven zum Spezialisierten.

Wo uns Leben entgegentritt, sei es in der heutigen Natur, sei es in den Epochen der Erdgeschichte, zeichnet es sich durch seine unbedingte Anpassung an die Erfordernisse der Umwelt aus. Es ist geradezu das Wesenskennzeichen des Lebens, in angepaßten Formen sich darzustellen. Das will sagen: es gibt keine organische Gestaltung, die, wenn sie ihren Sinn erfüllt, nicht für bestimmte Lebensverhältnisse und Umwelterfordernisse ausgeprägt wäre. Wo dies einmal nicht zutrifft, sprechen wir von Verfall und Krankheit oder von Mißgeburten und Monstrositäten. Dies trifft nicht nur das Einzelwesen, sondern kann auch Arten und Gattungen ergreifen, und dann liegt es im Gang einer längeren Entwicklung, die in das Unzweckmäßige führt.

Denn „Leben" bedeutet Geburt, Entfaltung, Aufstieg, Abstieg und Untergang. Nicht nur das organische Reich als Ganzes zeigt dies, indem es zeitgebunden ist, sondern auch innerhalb der einzelnen Typen und Gattungsfolgen können wir diesen Ablauf verfolgen, der ein ehernes Gesetz allen Daseins ist. Sehen wir doch im Lauf der Erdgeschichte Arten um Arten, Gattungen um Gattungen erscheinen und wieder vergehen. Und wenn auch manche Grundorganisationen lange bestehen, so wechseln doch in ihnen auch die Untertypen und Einzelabwandlungen beständig. Freilich, es gibt auch lang durchdauernde Typen und Spezialformen, wie etwa eine hornige kleine muschelartige Taschel, die seit Beginn der

118

kambrifchen Epoche fchon in derfelben Geftalt da ift wie heute,
alfo fchon damals — nach unferen üblichen Entwicklungs-
vorftellungen — eine unendlich lange Evolutionszeit hinter fich
gehabt haben muß (Abb. 40, S. 156). Sie lebt eingebohrt in den
Meeresgrund und hat mit ihrer Struktur und Form wohl
frühe fchon einen Zuftand erreicht, den man als den einer beft-
möglichen Anpaffung an die Erforderniffe der Umwelt bezeichnen kann; fonft würde fie nicht die Äonen fo unangefochten
überdauert haben. Aber auch Formgeftaltungen, die kurz-
lebig find und rafch von anderen verwandten oder nichtverwandten abgelöft werden, können aufs befte an ihre Lebensbedingungen angepaßt gewefen fein. Die Lang- oder Kurz-
lebigkeit von Gattungen und Arten ift darum kein Maßftab
für den günftigen oder ungünftigen Grad ihrer Ausbildung für
die ihnen zukommende Lebensweife, und fo fehen wir, daß im
Kommen und Gehen der organifchen Formen doch auch ein
eigenes inneres Gefetz der Entwicklung walten muß, von
anderswoher gegeben als nur von der äußeren, biologifchen
Nutzmäßigkeit im Dafein.

Verfolgt man nun die Formenausbildung der einzelnen
Organifationen durch die Zeiten vom Beginn ihres jeweils
erften Auftretens bis zu ihrem Ende, fo gewahrt man immer
und immer wieder einen Lebensgang von der primitiveren zu
der fpezialifierteren Geftalt. Waren alfo etwa Krebfe zuerft
nur Bodentiere kraft ihrer primitiveren Beinorganifation, fo
wurden fie allmählich dazu auch noch Bewohner des höheren
Meerwaffers und der Wafferoberfläche, erfüllten alfo durch
ihre zunehmende Spezialifierung, durch das zunehmende
Hervorbringen immer neuer, für fpezielle Lebenszwecke ausgeprägter Arten den Lebensraum in immer weiterem Maße,
eroberten durch ihre Formabwandlung neuen Lebensraum
dazu, fchufen fich felbft neue Lebensmöglichkeiten. Dies nun
nennen wir den biologifch nützlichen Fortfchritt, denn ein Fortfchritt ift es in bezug auf die dem Grundtypus in der äußeren
Welt geftellte Lebensaufgabe. Und diefer Fortfchritt wird

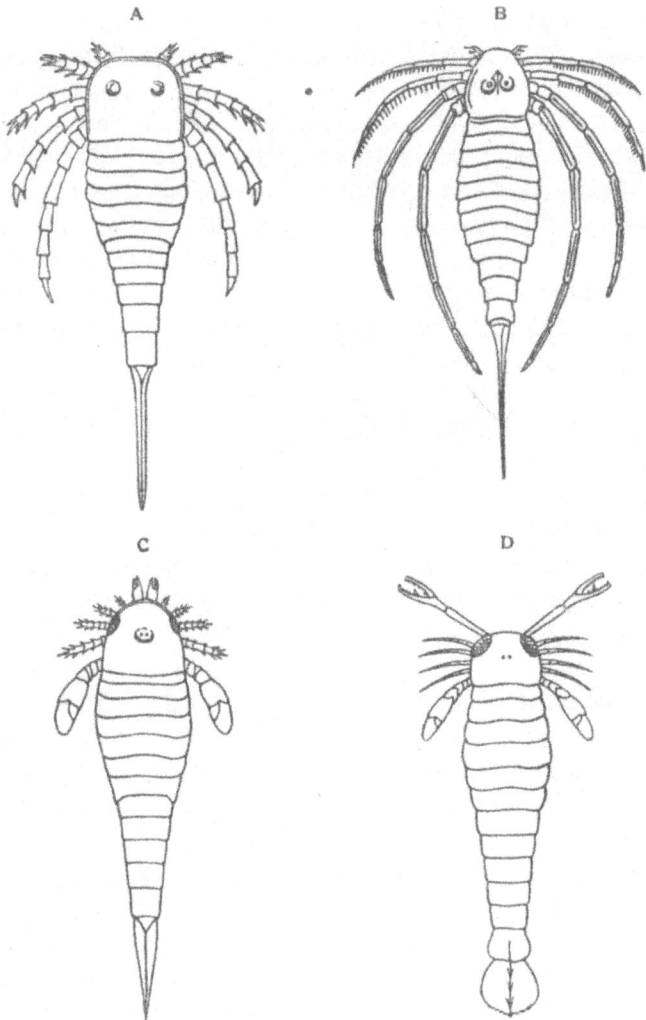

Abb. 36.

Vermannigfaltigung eines Grundtypus durch die Anpassung an verschiedene Lebensweisen. Merostomen, krebsartige Gestalten des frühen Erdaltertums. A) Einfache, am Boden krabbelnde Form; Augen halb randständig, halb in der Mitte; B) Träger Bodenbewohner, mit weit ausladenden Extremitäten (im gestreckten Zustand) balliegend. Augen in der Mitte zusammengerückt; C) Schlanke Schwimmform, die Extremitäten rückgebildet, um das rasche Schwimmen mit den beiden Ruderpaddeln nicht zu stören; Augen randständig. Auf dem Kopfschild in der Mitte zwei Ozellen (andersartige Sinnesorgane); D) Mit einem ruderblattartigen Steuerschwanz, womit das Tier rasch in wellenförmigen Bewegungen auf- und niedersteigen konnte. Mit den angen Krebsscheren ergriff es rasch die Beute. Alles verkleinert.
(Aus Clarke und Ruedemann 1912.)

erkauft durch ein Verlassen des primitiveren Zustandes und durch die Entwicklung immer mehr auf spezielle Eigenschaften und Fähigkeiten zugespitzter, in diesem äußeren Sinne also „fortgeschrittener" Zustände.

Da beobachten wir beispielsweise (Abb. 36) in der kambro-silurischen Altzeit krebsartige Gestalten, von denen die eine mit normalen Beinen ausgerüstet ist und am Boden krabbelt; die andere hat übertrieben lange Beine, die sie quer ausstreckt und mit denen sie auf dem Boden liegt und träge sich kaum bewegt. Eine dritte Form hat ganz verkürzte Extremitäten, von denen zwei zu Ruderpaddeln umgebildet sind, man merkt ihr auf den ersten Blick den eleganten Schwimmer an; eine vierte hat ebensolche Ruder, aber zugleich vorne zwei lange Scherenarme und statt des zugespitzten Hinterendes des Körpers ein auf- und abwärts bewegliches Schwanzruderblatt. Damit konnte das Tier rasch auf- und niedersteigen, es konnte Wellenlinien im Wasser beschreiben und, worauf seine langen Greifscherenbeine deuten, wo es gerade eine Nahrung sah, diese rasch ergreifen. Betrachtet man die Augenlage aller dieser Formen, so bemerkt man, daß beim normalen krabbelnden Tier dieselben ziemlich neutral stehen, weil es sie sowohl nach vorne, wie nach oben, wie nach der Seite gemäß seiner Fortbewegungsweise benutzen mußte; beim trägen Bodentier liegen sie sinngemäß oben auf dem Schädeldach, weil ein solches Wesen praktisch nur nach aufwärts zu schauen braucht, denn unter ihm ist der deckende Boden und nach vorwärts bewegt es sich nicht; die Schwimmformen aber haben die großen Augen ganz vorne am Rand, weil sie sinngemäß beim raschen Durchschneiden des Wassers eben wesentlich nach vorwärts sehen müssen.

So zeigen bei allen Typen des ganzen Tierreiches die Einzelgattungen eine mehr oder weniger spezialisierte Ausbildung, und dies alles nebeneinander gestellt ergibt die Vermannigfaltung eines Typus. Dies macht sich nun vor allem in der Zeitfolge geltend, wobei die so entstandenen Abwandlungen sich immer weiter und weiter durch neue Artenbildung spezialisieren. Dabei kann es sein, daß die vorherigen, noch primitiveren aussterben, es kann auch sein, daß sie weiterleben, so daß der Typus mit der Zeit an lebendiger Vielfältigkeit seiner Arten auch gleichzeitig reicher und reicher wird; es kann auch sein, daß die neuen verfeinerten Formen die alten überflügeln und verdrängen, wie ja überhaupt neue Formtypen des organischen Reiches immerfort für alle Lebensräume als grundverschiedensten Bewerber auftreten und durch ihre Spezialisationen und die damit erfolgende Besiedelung und Ausnutzung aller Lebensräume ein stetiger Kampf ums Dasein sich abspielt.

Anpassung, Spezialisierung.

Es bestehen für jede Lebensweise und für jedes biologische Erfordernis gewisse bestmögliche Formgestaltungen, die nun durch einen Anpassungsvorgang entwickelt werden und so zu gleichartigen Gestaltungen führen. So ist die torpedomäßige Fischform die bestgeeignete für das schnelle Durcheilen des Wassers, und daher passen sich die Säugetiere und Echsen, die dem Meerleben anheimgefallen sind, eben dieser Gestaltung an. Dann entstehen Gestalten, die man mit solchen anderer Grundtypen äußerlich verwechseln kann. Man denke nur etwa an den Wal oder Delphin in den heutigen Meeren, die so auffallend die Fischgestalt übernommen haben, ihrem strukturellen typenmäßigen Ursprung nach jedoch durchaus Nächstverwandte von Landvierfüßlern sind. So haben wir im Erdmittelalter gewisse Reptiliengruppen, deren Vertreter gleichfalls eine derartige Meeresanpassung zeigten und dementsprechend gleichfalls die Fischform nachahmten (Abb. 37). Freilich läßt sich der Kenner von solchen Äußerlichkeiten nicht täuschen; er findet alsbald die grundlegenden Unterschiede des Baues solcher Wesen von Fischen heraus. So haben etwa die Wale und Delphine, um nur ein Organ zu nennen, richtige Lungen, und die genannten Fischechsen des Erdmittelalters

122

hatten fie ebenfo. Umgekehrt gibt und gab es auch Fifchgeftalten, die teilweife an das Land gehen und zeitweife im Trockenen leben können; diefe haben ihre Schwimmblafe zu einer Art Lungenfack umgeprägt und ahmen nun ihrerfeits das Landtier nach. Für die am Bodengrund des Meeres träge lebenden

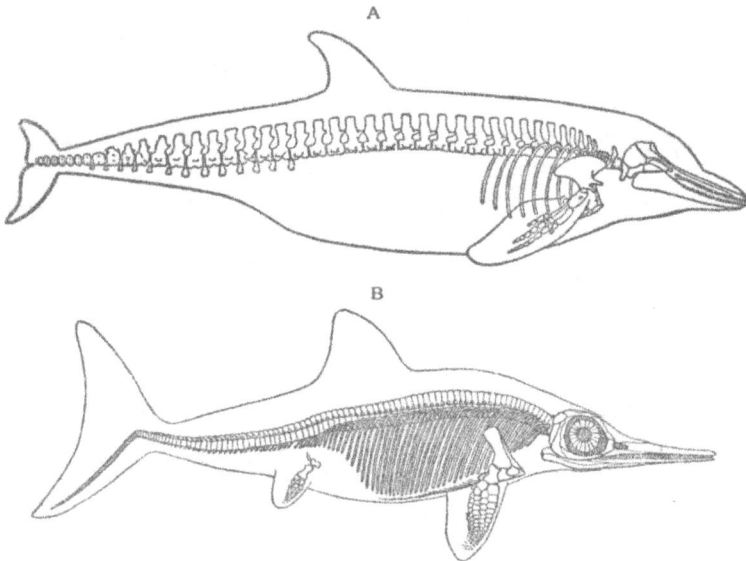

Abb. 37.
Vergleich zweier an das Meerleben angepaßter höherer Tiere. A) Wal, ein Säugetier der Erdneuzeit; B) Fifchechfe, ein Reptil des Erdmittelalters. Durch die gleiche Lebensweife haben beide unter Beibehaltung ihrer Grundorganifation die Fifchgeftaltung angenommen; beide blieben Lungenatmer. Beim Wal ift die Hinterextremität rückgebildet. Die Zehenglieder in viele Teile zerlegt. (Aus Romer 1933.)

Weichtiere ift die Schale oder die Doppelklappe das geeignete Schutzmittel; fo bekommen Muscheln und Tascheln, obwohl grundtypenmäßig ganz verschiedener Herkunft, eben diefe Doppelschale. Für schwebende Meerwafferformen ift eine möglichste Zerfaferung des Körpers, alfo eine möglichste Vergrößerung der Oberfläche im Verhältnis zum Körpervolumen ein mechanisch-statisches Erfordernis; alfo werden schwebende Krebfe nach Art des beigegebenen Trilobiten mit folch feinen

Strähnen versehen oder der Körper reduziert sich bis auf eine dünne Spindel (Abb. 41, S. 159); das kann man in den verschiedensten Typen des wasserbewohnenden Tierreiches gleicherweise beobachten.

So, könnte man denken, wird der Sieg im Kampf ums Dasein errungen, und so würden die ins feinste ausgebildeten, angepaßten, spezialisierten Lebewesen nun gewappnet sein, allen Kampf ums Dasein siegreich zu überstehen und ewig leben. Aber eben in dieser fortschrittsmäßigen Entwicklung zu immer feinerer, immer einseitigerer Anpassung liegt auch der Weg der Erschöpfung, der Weg zum Untergang. Denn alle dem Äußeren Rechnung tragende Evolution führt notwendig zu diesem Ende. Der Fortschritt bedeutet zuletzt Untergang. Wir beobachten selten ein günstiges Stehenbleiben in der Formausgestaltung, vielmehr meist eine mehr und mehr zunehmende Überspezialisation (Abb. 9, S. 59). Die normale Anpassungsentwicklung macht nicht halt, sondern geht weiter. Aus der an sich biologisch verfeinerten und nützlichen Gestaltung und Umgestaltung gehen schließlich Übertreibungen hervor; es kommt zu einer Formbildung, die etwas Spielerisches hat, die sich in allen möglichen unzweckmäßigen, wenn auch nicht lebensunfähigen Gebilden ergeht und dann keinen Sinn mehr hat. Fehlgeschlagene Anpassungen, bei denen sich eine Stammlinie in Formzustände verirrt, die nicht auf dem vom Typus her begründeten Weg mehr liegen, sind gleichfalls zuweilen bemerkbar — und durch alle diese Abirrungen können ehedem blühende, formenreiche, lebenskräftige Gruppen rascher oder allmählich ihrem Untergang entgegengehen. Beispiele hierfür bieten im Erdmittelalter die Ammonshörner in den Meeren, die zuletzt zwecklose Irrformen bildeten, oder die großen Schrecksaurier, die sich in den ärgsten Übersteigerungen ihrer Größe ergingen und, wie jene, am Ende des Erdmittelalters ziemlich rasch und spurlos von der Schaubühne des Lebens verschwanden.

Es liegt aber auch im Grundtypus selbst seine Lebensdauer beschlossen, und darin offenbart sich wieder die meta-

124

physische Seite der ihm zugemessenen Zeit. Denn wie es im Lebensgang eines Individuums liegt, daß es nach gewissen Rhythmen und Veränderungen, soweit diese normal verlaufen, wieder abklingt, so auch beim Typus, bei der Gattung. Selbst unter den günstigsten Lebensbedingungen bleibt eine Form nicht dauernd bestehen, wenn es nicht in ihrer Bestimmung immanent liegt. Es gibt, wie schon erwähnt, langlebige und kurzlebige Gattungen und Typen; aber die Konstitution, die Entelechie ihres Wesens und ihrer Formbildungskräfte ist ein Grundmoment des langen oder des kurzen Bestehens. Denn dies eben äußert sich hinwiederum darin, daß der eine Typus zu rascher und vielfältiger Spezialisierung in der Außenwelt neigt, der andere wenig. Und alles das fließt aus der Entelechie seines Wesens.

Die Verfolgung der Umbildungen organischer Gestalten durch die Erdzeitalter ergibt, daß nicht von der äußeren Nutzmäßigkeit dauernd alles bestimmt ist, sondern daß den freundlichen wie feindlichen äußeren Gewalten innere Gesetze entgegenstehen, welche den einzelnen Typen in der ihnen zukommenden Weise innewohnen und sich zu betätigen trachten, die dem Typus seine Zeit zugemessen haben und ihn auch zum Abschluß seines Daseins zwingen, auch wenn er noch so reich und mannigfaltig für seine Lebensverhältnisse ausgebildet ist oder war.

Entwicklung und Stammbaum.

Die Abwandlungs- und Spezialisationsfolgen der einzelnen Typen und Untertypen des organischen Reiches lassen sich durch die Erdzeitalter teilweise in sehr deutlichen Formenreihen verfolgen. Hierzu mag die Abb. 38 eine treffliche Illustration bieten. Sie stellt eine fortschrittsmäßige Evolution eines Typus dar, wie wir sie vielfach kennen, auch in anderen Tiergruppen. Es drücken sich darin zugleich gewisse stammbaummäßige Umwandlungen aus, und es fragt sich daher, ob auf diese Weise sich nicht überhaupt der gesamte Stammbaum

125

des Lebensreiches (Abb. 42, S. 175) entwickelt habe und ob
auf diese Weise nicht auch aus den niederen Grundorganisationen Schritt um Schritt die höheren hervorgegangen

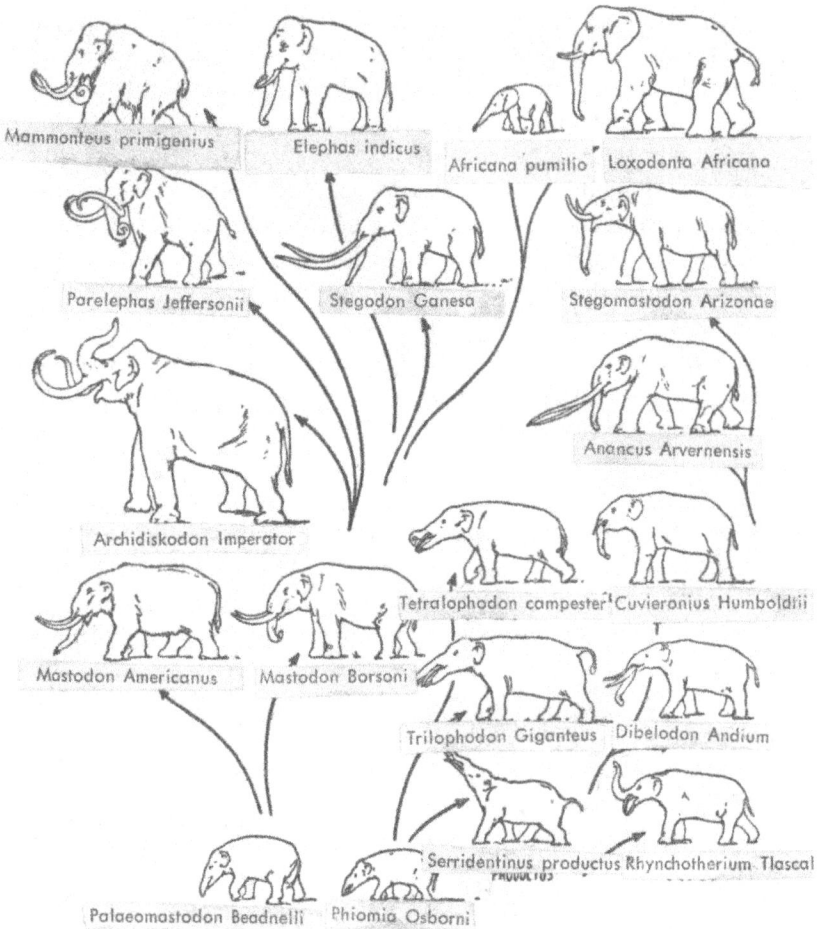

Abb. 38.

Stammbaummäßige Darstellung der Abwandlung des Elefantentypus (Proboscidier) während
der Tertiärzeit. Zu unterst die kleinen und einfachen Gestalten, nach und nach mit stärkerer
Spezialisierung besonders des Schädels und Rückbildung des Gebisses zugunsten der Stoß-
zahnentwicklung, mit der die Rüsselbildung Hand in Hand geht. (Aus Osborn 1930.)

seien? Das war in der Tat die Meinung der klassischen Abstammungslehre der verflossenen Zeit, wie sie etwa im Dar-
winismus ihren Höhepunkt und ihre einseitigste, zugleich natur-
fremdeste und endlich zum Formalismus erstarrende gedank-
liche Ausprägung erfahren hat. Und darauf ist mit folgender
Überlegung etwa zu antworten.

Beim Durchschreiten des vorweltlichen Lebenszusammen-
hanges zeigt sich nicht nur im großen ein zunächst formales
Ineinanderübergehen der später vielfach getrennten Äste des
„Stammbaumes", sondern es lassen sich auch innerhalb ge-
festigter Typenorganisationen geschlossene Formenreihen vom
Einfachen zum Fortgeschritteneren erkennen. Es läßt sich beobachten, wie von Zeitstufe zu Zeitstufe eine Gattung sich umbildet, wie deutlich ein Formwechsel, eine Differenzierung, eine
Vermannigfaltigung vor sich geht, bis das Endglied der Reihe
andersartig geworden ist gegenüber dem zeitlich vorausgehenden
Anfangsglied. Ja dieselbe Gestalt oder eine ähnliche End-
bildung wird oftmals auf mehreren Einzellinien und in mehreren Umformungsreihen, die alle dann mehr oder minder
gleichlaufen, erzielt. So erscheinen, äußerlich besehen, die allgemeinen Tatsachen.

Wenn man diese nun bloß oberflächlich zu Rate zieht,
wird man darin allerdings leicht ebenso viele Beweise für die
Annahme sehen, daß das gesamte Leben durch die erdgeschichtlichen Zeitalter hindurch eine physiologisch-zeugungsmäßig zusammenhängende Gesamtentwicklung hatte; daß der oben
(S. 49) als solcher bezeichnete formale „Stammbaum" nicht
nur eine ideelle, sondern eine durchaus reelle Tatsache sei;
daß sich somit das gesamte Leben aus niederen Anfangs-
formen im Lauf der Epochen in immer höheren physiologischen
Zeugungsketten und Umwandlungsbahnen entwickelt habe;
daß von Art zu Art, von Gattung zu Gattung, durch Umbildung
und Differenzierung fortschreitend, endlich alle Typen mit
immer höherer Organisationsfolge erschienen seien. Die neuen
und die jeweils höheren Grundbaupläne wären also auf dem

127

Weg der anpassungsmäßigen, der biologisch nützlichen Abwandlung entstanden.

Und gerade das ist nun nach unserem Dafürhalten der Grundirrtum der materialistischen Abstammungs- und Umwandlungslehre der verflossenen Wissenschaftsepoche: es müsse sich jegliche Gestaltung und auch jeglicher neue Grundplan der organischen Welt nur durch Wandlung des schon vorhandenen Niederen in ein nachmalig Höheres umprägen. Man sah die Spezialisationsreihen in den erdgeschichtlichen Zeitaltern vor sich, wie wir sie beschrieben haben, und meinte, diese „Entwicklungsreihen" seien nun der Weg, auf dem auch neue Grundorganisationen entstanden seien, auf dem das gesamte Lebensreich aus den niederen Grundformen zu den höheren und höchsten aufgestiegen sei. Betrachtet man aber unvoreingenommen das erd- und lebensgeschichtliche Geschehen, so zeigt sich, daß eben die neuen Grundbaupläne sich von den Spezialisationen wesensmäßig dadurch unterscheiden, daß die ersteren etwas durchaus ideenhaft Neues sind, während die letzteren lediglich Abwandlungen einmal gegebener Grundorganisationen selber sind. Würde jemals aus einer Abwandlungsspezialisation ein neuer Grundtypus hervorgegangen sein, so müßte sich dieser unmittelbar an die vorausgegangene spezialisierte Formgestaltung des früheren Typus anschließen und deren gleichsinnig gerichtetes weiteres Abwandlungsbild sein.

Aber gerade dieses trifft nie zu, wenn wir einen neuen Typus auftreten sehen. Denn ein solcher erscheint gar nicht mit den Einseitigkeiten der Spezialisation vorausgehender Typen, sondern stellt sich als neue Formgebung wiederum mit primitiven Formen seiner Urart ein; ist damit deutlich die Verwirklichung eines neuen Grundprinzips, einer neuen Formgebung, einer neuen Formidee. Was somit als biologische Spezialisation und damit als biologisch äußere Vernützlichung sich an Formbildungen in sichtbarer Umwandlung entwickelt, ist nicht der Weg, auf dem das Lebensganze zu höheren Grundorganisationen, zu neuen höheren „Ideen" der Formen-

128

bildung aufſteigt und aufgeſtiegen iſt; jenes führte ſtets ſeitab. Eben dies iſt bei allem äußeren Fortſchritt die verzweifelte Seite deſſen, was wir Lebensentwicklung nennen, die Schattenseite zu dem Licht der von innen geſchehenden Höherentfaltung des Lebensbaumes: daß jede nach außen hin nutzmäßige Errungenſchaft zugleich eine einſeitige Feſtlegung iſt, wenn auch eben darin die jedem Typus in der Außenwelt geſtellte Lebensaufgabe beſteht. Das ſo Erfüllte, Ausgewirkte mußte von je untergehen und bedeutungslos werden.

Eine weitere Überlegung macht uns den Unterſchied zwiſchen dem metaphyſiſchen Grundbauplan und der ihn realiſierenden konkreten Naturform klar. Man kann von niederen und höheren Typen oder Grundorganiſationen ſprechen. Die einzellige Protozoe iſt niederer als etwa die ſchon mit einer Leibeshöhle und einigen untergeordneten Organen verſehene Koralle oder Hydrozoe; dieſe niederer als etwa ein Stachelhäuter mit ſeiner fünfſtrahlig entwickelten Körperkapſel voll fortgeſchrittener Organe, wie Darm, Leber u. dgl. So geht es — man vergleiche das Stammbaumbild Abb. 42, S. 175 — Stufe um Stufe höher, über den Wurm, das Inſekt, den Fiſch zum höheren Wirbeltier. Dieſe Unterſcheidung von höheren und niederen Typen iſt rein auf die Bauſtruktur, die Vielfältigkeit und innere Vollendung der Organe und den Grad des inneren Zuſammenhanges und der Konzentration zu einer geſchloſſenen Einheit gegründet. Niemand wird beſtreiten, daß hier ein durchaus objektives Kriterium zur Beurteilung der Wertgrade und der Stufenhöhe jeglicher Grundorganiſation vorliegt. Nimmt man aber die Sache nun vom biologiſch-nutzmäßigen Standpunkt, ſo kann man von keinem dieſer Typen ſagen, er ſei höher oder niederer als der andere. Denn in bezug auf die Lebensweiſe iſt jeder gleich geeignet, keiner hat einen Vorzug vor dem anderen. Wie das Molluſk lebt oder der Fiſch oder das Landwirbeltier, das iſt bei jedem gleich gut, gleich vollendet, und es iſt erſichtlich ein Unſinn, zu ſagen, die Muſchel am Meeresgrund sei weniger zweckmäßig gebaut für ihr Leben wie etwa der Fisch.

Damit wird offenkundig, daß der Grundtypus, die Grundorganisation von sich aus seine biologische Bedeutung hat und nicht etwa nach dem Grad seiner Anpassung beurteilt werden kann. Dagegen sind wir nun imstande, innerhalb dieser Grundorganisationen zu fragen, welche Art derselben besser an diese und jene spezielle Lebensweise innerhalb ihres gegebenen Elementes angepaßt sei. Es gibt Muscheln, die sich nur am Grunde, wenig beweglich, aufhalten; es gibt solche, die sich in den Boden eingraben, und einige, die auch mittels der Schalenklappen etwas schwimmen können. Hier lassen sich wieder anpassungsmäßige Spezialisationen unterscheiden, und man kann bei diesen von fortgeschrittener und weniger fortgeschrittener, von primitiver und spezialisierter Anpassung sprechen. Aber es hätte keinen Sinn, dem Landwirbeltier etwa den Vorwurf zu machen, es sei so einseitig entwickelt, daß es nicht wie eine Muschel im Meere leben könne; oder umgekehrt die Muschel für unvollkommener zu halten, weil sie nicht auf dem Lande sich ergehen kann. Nicht anders ist es also mit dem Werden der Formen: ein Grundtypus wird nicht in äußerer Abwandlung wie eine Spezialisation; sondern ein Grundtypus hat in sich immanent die Bestimmung seiner Lebensweise und tritt in den zeitlich erscheinenden körperlichen Formen in eine Spezialisationsabwandlung ein.

Innere Zweckmäßigkeit.

Es ist das hohe Verdienst der stammesgeschichtlich gerichteten Naturforschung des 19. Jahrhunderts, uns nicht nur den Begriff einer Geschichte des Lebens auf der Erde zu einer historischen Realität gemacht, sondern damit uns auch das Material geliefert zu haben, um in der Mannigfaltigkeit des zeitlichen Werdens die innere Einheit als Wirklichkeit, nicht nur als Abstraktion zu erblicken. Formenreihen sind Manifestierungen des Typus, der Urform; aber jede Urform ist ein neues Grundgefühl des Lebens, ein neues Stilgefühl, ein neues Wollen zu einem ganz bestimmten Lebenssinn und Lebenstun. Es ist daher auch für eine Erklärung des Werdens und Sichumbildens einer organischen Gestalt, einer Gattung oder Art wesentlich, daß zwei grundlegende Seiten des Daseins ins Auge zu fassen sind: die Entstehung und das Werden des Typus einerseits, das Entstehen und Werden der Abwandlung innerhalb des gegebenen Typus andererseits. Es war der grundsätzliche Fehler der eben gerühmten entwicklungsgeschichtlichen Biologie der verflossenen hundert Jahre, dies nicht von Grund aus unterschieden zu haben. Nur dadurch konnte eine Lehre wie die Darwins unbesehen Eingang finden, welche die äußere Nützlichkeit in der das Lebewesen beeinträchtigenden oder fördernden Umwelt zum Grundprinzip des organischen Formwerdens schlechthin machte.

Die Grundorganisationen sind selbst das Primäre; sie sind formell und naturhaft-physiologisch die Grundvoraussetzungen, damit Abwandlung geschehen kann, nicht umgekehrt. Zugleich aber entstehen Typen nicht durch Anpassungen vorhandener Typen an die Umwelt; sondern indem ein Grundtypus erstmalig auftritt und sich in einer oder mehreren Arten manifestiert, bringt er von sich aus die Bestimmung seiner Lebensweise schon mit, sie liegt immanent in ihm.

Denkt man umgekehrt, geht man also vom einzelnen Speziellen zum Ganzen über und sucht man das letzte Ganze nun als die Summe der Vielheit der äußeren Arterscheinungen zu verstehen, wie das die gewöhnliche biologische Abstammungslehre tut, so vergißt man völlig den übergeordneten Grundsatz, daß ein Ganzes vorhanden sein muß, ehe ein Einzelnes darin existieren oder sich als scheinbar selbständige Erscheinung herausstellen kann. Freilich ist das Ganze nicht zu verstehen etwa als zuvor schon mit dem vielen Einzelnen Aufgefülltes, gewissermaßen Ausgestopftes; sondern das kommende Einzelne ist der Potenz, dem „Willen" nach im metaphysischen Ganzen, also wieder in der „Urform" vorhanden. Wer das

mechaniſtiſch und quantitativ nimmt, verfehlt den Sinn
der Schau.

Die in jedem uns je auf der Erde begegnenden organiſchen
Weſen ſich ausſprechende Grundorganiſation oder Urform iſt
gewiſſermaßen eine tiefere Schicht organiſchen Daſeins, eine
innere Wirkungszone, die erſt die den äußeren Verhältniſſen
gemäß ſich geſtaltenden Anpaſſungen und Spezialiſierungen
ermöglicht.

Die organiſche Form iſt ſomit ihrer äußeren Entſtehung
nach verſtändlich, ſoweit ſie biologiſch zweckmäßig geſtaltete Abwandlung des Typus iſt; ſie iſt unverſtändlich, ſoweit ſie Typus,
Urbild iſt. Es gibt in der äußeren Natur keine reinen, vom greifbaren Daſein losgelöſte, gewiſſermaßen ätheriſche Geſchöpfe,
ſondern es gibt nur Weſen mit Fleiſch und Blut, d. h. Weſen
mit ihren auf ganz beſtimmte Lebensräume und Lebensmöglichkeiten eingeſtellten Körpern und Organen und Funktionen.
Es iſt alſo jeder Grundplan einer Organiſation in der ſichtbaren
Umwelt ſofort, bei ſeinem allererſten Auftreten ſchon, für eine
beſtimmte Lebensweiſe vorbereitet, alſo auch dann ſchon
irgendwie angepaßt, wenn dieſe Erſtform auch im Vergleich
zu der ſpäterhin noch zu erreichenden Spezialiſation durchaus
primitiv erſcheint. Es gibt keine Weſen in der phyſiſchen
Natur, die ohne dieſes Eingeſtelltſein leben könnten. Wir dürfen
alſo nie den Realismus der Formen außer acht laſſen; aber
trotzdem beſteht in ihnen erſichtlich eine höhere Wirklichkeit,
die nicht phyſiſch greifbar iſt. Und ſo ſtehen wir hier an
jener Grenzſcheide, worin ſich Phyſiſches und Metaphyſiſches
bei der Betrachtung durchdringen.

Noch von einer anderen Seite aus ließe ſich der Weſens-
unterſchied von innerer Grundform und äußerer Abwandlung wohl verſtehen.

In allen Kulturen ſind gewiſſe Formſtile, beruhend auf
grundlegenden Formempfindungen und Stilgefühlen, einander
gefolgt, haben ſich mit innerer Folgerichtigkeit auseinander
entfaltet oder ſich als ſeeliſch-geiſtige Antitheſen oder Komple-

132

mente entwickelt. Es liegt in ihnen ein gewisser Lebens-
rhythmus, dem wechselnden Rhythmus und Pathos des
inneren Menschen entsprechend, und so kehrt ein ähnlicher
Gestaltungsablauf wohl auch in allen Kulturkörpern wieder.
Aber es ist nach außen nicht immer dieselbe Formbestimmtheit
dabei zu bemerken. Die griechische Baukunst geht zum letzthin
Vollendet-Einfachen, während unser Stilbauen vom Archaisch-
Romanischen zu einem Barock ausläuft, das der letzte wahre
echte Stil in unserer deutschen Kultur gewesen ist. Wenn wir
nach dem Krieg aber eine erneut einfache, zur „Sachlichkeit"
zurückkehrende Baukunst bemerken, so ist dies ein neues archai-
sches Zweckbauen gewesen, trächtig einer Zukunftsmöglichkeit,
die vielleicht wieder in irgendein „Barock" wird führen können.

Ein Streit könnte nun darüber sein, ob sich diese Stile
auseinander entwickelt haben oder ob sie einem neuen Lebens-
aufbruch und -einbruch jeweils entsprechen. Gewiß, äußerlich, materiell mögen sie aneinander anknüpfen, auseinander
hervorgehen, — und die Gotik wurde erst technisch möglich,
als das Kreuzgewölbe aus dem romanischen Bogen heraus
entwickelt werden konnte. Aber von innen her mußte das
Gotische notwendig und nicht aus Verwandlung des Romanischen kommen, als eben das gotische Lebensgefühl kam. Der
Unterschied liegt darin, ob man mechanisch-kausal die Erscheinungen nimmt, also von außen her nach der materiellen
Gestaltung; oder ob man sie als Manifestation eines Innen-
zustandes eigener Idee erkennt.

Auch in der organischen Natur kommen, wie schon im
Abschnitt 3 kurz berührt, zeitalterweise neue Typen hervor.
Verfolgt man es materiell von außen, so kann man wohl
sagen, das eine bilde sich aus dem anderen hervor; aber von
innen gesehen sind es Manifestationen mit eigener Grundidee
der Formgebung, des „Stilgefühls". Sehen wir äußere Übergangsformen, so ist es nicht ein Beweis, daß hier das Alte
zu einem Neuen ward, sondern es ist nur das Hervordrängen
der neuen Idee, die noch mit den alten Formen umgehen muß.

Wie ein Vorschreiten und eine Umschichtung der durch ein neues Stilgefühl in den Kulturabläufen geschaffenen Kunstwerke zu beobachten ist, so ist es auch bei der Verfolgung der organischen Gestaltungen eines Typus mit seinem zunehmenden erdgeschichtlichen Entwicklungsablauf. Wir sahen schon (S. 126), daß es vom Primitiven zum Spezialisierten geht. Nicht nur, daß wir in den Gestaltenbildungen der organischen Natur von archäischem und klassischem Bauen wie auch von barocken und endlich übertriebenen, gesuchten, in sich nicht mehr stilträchtigen Formen reden dürfen, ist vielmehr die organische Formenumbildung geradezu die Sichtbarmachung neuer „Lebensgefühle", die von sich aus eine Umwelt innerlich sahen und voraussahen, in die sie hineintreten und aus der sie nun sozusagen kraft ihrer mitgebrachten Form- und Lebensidee eben auch ihr Außenleben gestalten. Aber es darf eben nicht von der Außenseite her alles erklärt werden. Sehen müssen wir die Außenseite; aber erklärt wird ihr Gestaltungswesen nicht durch eben den Nachweis einer äußeren Formenfolge. Hier liegen tiefe Parallelen zwischen Kunst und Natur. Nur ist der Unterschied, daß des Menschen Wille und Wesen bewußt und mit innerer Erleuchtung schafft, während die Natur eben die undurchdringliche Wirkerin ist, die von innen her gestaltend erscheint, indem sie unbewußt „will".

Wie uns aber beim äußeren Überblicken der Kunstepochen und Stilzeiten diese selbst nur verständlich werden durch den Vergleich ihrer einzelnen Stadien miteinander, indem wir daran sehen, wie sich die Grundidee aus sich selbst immer neu manifestiert, wie sie aber auch immer wieder in Wechselbeziehung und Wechselwirkung zur Umwelt steht und nicht ideal nur in der freien Luft des Geistes schwebt, so wird uns auch die organische Gestalt nur verständlich durch das Vergleichen der Typen selbst, sowie der Abwandlungsreihen innerhalb der Typen. Auch hier erscheinen uns die Gestalten als Repräsentanten der reinen Idee, wie als Anpassungen an eine Umwelt. Wenn wir den Schädel eines Elefanten in seiner barocken

Spezialisierung vor uns sehen, so verstehen wir ihn nicht, wenn wir ihn nach seiner Form nur beschreiben, sondern wenn wir seinen Grundtypus als solchen erfassen und daran erkennen, wie dieser sich nach primitiven Vorstadien in diese seine extreme Gestaltung hineinbegeben hat und inwiefern diese Gestaltung zugleich Anpassung des Typus an eine Umwelt ist. Also wir verstehen den Typus nur in seinen gegenständlichen Gestalten, und was diese von sich aus lebten und in einer Umwelt sozusagen wollten — das erst gibt uns auch eine lebendige Anschauung der inneren, der transzendenten Idee.

Man könnte somit eine innere und äußere Zweckmäßigkeit unterscheiden. Die äußere Zweckmäßigkeit wäre für uns jene, die sich in Anpassungen der Körperform unter innerer Beibehaltung der Urorganisation dokumentiert; es sind die Anpassungen im gewöhnlichen Sinn, mögen sie auch noch so weit gehen, sogar so weit, daß sich dadurch Formüberschneidungen ergeben, die wie eine Vermischung oder Gleichheit zweier grundverschiedener Organisationstypen aussehen. Die innere Zweckmäßigkeit nannten wir die, welche in einer Grundorganisation als solcher schon beschlossen liegt. So ist es eine äußere Zweckmäßigkeit, wenn sich die merostomen Krebse in den verschiedenen Arten (Abb. 36, S. 120) kundtun; aber daß sich solche Varianten der Anpassung bilden können, beruht auf der undurchdringlichen Tatsache, daß eine solche Grundorganisation überhaupt da ist, um es zu ermöglichen, überhaupt von einem angepaßten Typus zu sprechen.

Diese innere Zweckmäßigkeit ist in ihrer Entstehung nun eben nicht gleichbedeutend und von ganz anderen Kräften bedingt, auf einem anderen Untergrund ruhend, als die äußere Anpassung, die äußere Zweckmäßigkeit. Die äußere Zweckmäßigkeit bei den beschriebenen Merostomen war die, daß sie in verschiedenen Lebenslagen eben jene verschiedenen Körperformen bildeten, die wir als Bodentier, als Schwimmtier, als Liegeform usw. konkret vor uns sehen. Die innere Zweckmäßigkeit ist jene, vermöge deren überhaupt etwas inner-

lich Gebundenes da ist, was wir sozusagen die Form- und
Lebensidee der Merostomen, die innere Merostomenhaftig-
keit nennen können und was es erst ermöglicht, daß sich in
Zusammenhang mit der äußeren Lebenslage so etwas bildet,
was uns zuletzt als der an eine spezielle Lebenslage angepaßte
einzelne Merostome erscheint.

Jeder Organismus ist daher Repräsentant seines Ideal-
typus, dargestellt in einer seine Form bedingenden, jedoch
nicht im tieferen Sinn ihn schaffenden Umwelt. Wie der
Meister, der ein Haus baut, die tiefere Ursache dieses Hausbaues
durch die Ausarbeitung seines Planes ist, die angestellten
Maurer und Zimmerleute aber die äußeren Faktoren der
konkreten Gestaltung des Hauses sind, so ist der jedem Organismus zugrunde liegende Typus jene innere Potenz, jene wahre
Ursache der Formgebung, die jedoch nur durch die äußeren
Vorgänge Gestaltung in bezug auf die Erfordernisse der Umwelt gewinnt. Wir sehen also, daß die biologische Deutung des
Organismus uns zwar die Form in Beziehung zur Umwelt
verstehen lehrt, daß sie aber nicht das lebendige „Innere" er-
faßt, von dem der reale Organismus unmittelbar und wirklich
Ausdruck, Manifestation ist — Symbol der ungreifbaren und
innerlich realen „Urform".

So gibt es nur einen wahrhaft philosophischen Weg zur
Lösung des Problems der naturhistorischen Entwicklung und
zweckmäßigen Anpassungsgestaltung: das äußere Werden und
Sein zu nehmen als Symbol des inneren, lebendigen Urbildes,
der Idee.

8. Rhythmen in der Erdgeschichte.

Land- und Meereswechsel.

Ruhelose Gestaltung und Umgestaltung, für den kurzlebigen Blick des Einzelmenschen zwar ruhend, aber dennoch immerfort ein Anderes, ein Neues hervorbringend — das ist das Wesenskennzeichen äußeren erd- und lebensgeschichtlichen Ablaufs. Zwar gibt es in allem ein Innerlich-Ruhendes, das in der Erscheinungen Flucht, in der Gestaltung selbst sich kundgibt und dasselbe bleibt, auch wenn es sich in tausend und abertausend wechselnden Bildungen verrät — aber eben dieses sein Erscheinen zeigt uns ein Pulsieren, zeigt uns ein periodisches Geschehen. Es ist unverkennbar, daß sowohl in der Erd- wie in der Lebensgeschichte ähnliche Konstellationen wiederkehren, die uns beweisen, daß die umgestaltenden Ursachen irgendwie eben auch rhythmischer Natur sein müssen. So bemerkt man in gewissen Erdgebieten Rückzüge des Meeres, dann wieder ein erneutes Vordringen; man bemerkt weiter einen gewissen rhythmischen Wechsel in dem Aufkommen der Gebirgsbildung und dem entgegengesetzten Zustand: einer ruhenden Erdrinde; endlich bemerkt man deutlich den mehrfachen Klimawechsel, indem Eiszeiten mit ausgeglichenen Wärmezuständen über die ganze Erde hin abwechselten. Vieles in der organischen Entwicklung entspricht dem.

Aber wenn man nun näher zusieht, so bemerkt man bald, daß dieser großzügige Rhythmus doch im einzelnen sehr verwischt und daher in seinem eigentlichen Ablauf kaum sicher zu packen ist. Es ist vergleichsweise wie der Aufblick auf eine

Theaterszene: steht man entfernt im Zuschauerraum, so sind die Dekorationen ein geschlossenes einheitliches Bild; tritt man näher hinzu, auf die Bühne selbst, wo sich das Geschehen in unmittelbarster Nähe zeigt, so bemerkt man nichts mehr von der Einheitlichkeit des Bildes, man sieht nur unzusammenhängende Einzelheiten oder verschwimmende Linien und grobe Striche und Stückwerk und kann sich gar nicht vorstellen, wie aus weiter Entfernung alles so geschlossen und einheitlich erscheinen möchte. Nicht anders ist es auch mit diesen erdgeschichtlichen Szenerien. Sieht man sie aus der Ferne an und hat man eine nicht zu sehr ins einzelne bringende Sachkenntnis, so erscheint alles wundervoll geschlossen und klar; kennt man die Geschehnisse in der Nähe, sieht man in die engsten Zeitfolgen der Dinge hinein, so erscheint alles zerrissen, nichts will sich zum einheitlichen Bild und Formgesetz fügen. Darin liegt die große Schwierigkeit, erdgeschichtlichen Gesetzmäßigkeiten eindeutig auf die Spur zu kommen: immer wieder findet man Einzelheiten, welche dem zuerst in der großen Übersicht erschauten Bild widersprechen oder zu widersprechen scheinen.

Hierfür mag ein die ganze Urgeschichte durchziehender Vorgang das anschaulichste Beispiel bieten: das Geschehen der Gebirgsbildung. Die geologische Natur eines Hochgebirges alpinen Charakters besteht darin, daß dieses einen Streifen starker Schichtenstörung der Erdrinde bedeutet. Während in Tafelländern und andernorts die ehedem in Meeren oder Seen und Flüssen abgesetzten Schichtungen im allgemeinen ziemlich wagrecht liegen, bietet der alpine Körper alle Schichtmassen in oft wildester Störung, Faltung, Ineinanderknetung, Überfaltung und Überschiebung dar. Hier ist also ersichtlich, daß gewaltige Störungen und Umlagerungen zur Bildung des Gebirgskörpers geführt haben müssen. Der Gesteinscharakter alpiner Schichtungen weist eindeutig darauf hin, daß sie ehedem in Meeresbecken abgelagert wurden. Tausende von Metern mächtig, sind sie ehedem aufgehäuft worden, ehe

138

sie gefaltet wurden. Jedoch das Meeresgebiet, in dem sie zur Ablagerung kamen, war nicht etwa anfänglich auch Tausende von Metern tief, so daß es allmählich durch Schichtungen aufgefüllt worden wäre; vielmehr deuten alle Gesteine an, daß stets im alpinen Urgebiet ein Flachmeer bestand, nur einige hundert Meter tief. Es erklärt sich die Art der Schichtaufhäufung so, daß der Untergrund jenes alpinen Frühmeeres durchschnittlich um soviel einsank, als sich Gesteinsmaterialien darauf ablagerten.

Nun zeigt sich in allen heutigen alpinen Gebieten, daß diese Schichtungen wesentlich dem Erdmittelalter, manche auch schon dem Erdaltertum angehören. Es bestand somit im Erdaltertum und Erdmittelalter ein weites Meeresgebiet, aus dem später durch Faltung der inzwischen erhärteten Schichtmassen die alpinen Gebirge aufstiegen. In Europa und Asien fällt dieses Urmeer mit einem zentralen Mittelmeer, der Tethys, zusammen, von der wir auf S. 20 sprachen. Überblickt man nun die einzelnen Zeitalter und faßt dabei das Verhalten des Tethysmeeres ins Auge, so beobachtet man, daß dieses zwar im ganzen als ein weites Flachmeer bestand, aber dennoch gewisse periodische Vertiefungen und dann wieder Verflachungen durchmachte. Sobald es sich nun vertiefte, zeigte sich auf den umliegenden Flächen der Erdkugel ein gewisser Rückzug der dort ausgebreiteten Meeresbedeckungen; verflachte es sich, so wurden die umliegenden Meere vertieft. Diese Gegensätzlichkeit, so schön sie nun im großen auch ausgeprägt erscheint, ist doch im einzelnen sehr verwischt. Die Vertiefungen kommen in einem Teilgebiet früher, im anderen später; an manchen Stellen lassen sie aus, an anderen sind sie besonders rasch und heftig. Ebenso ist es mit den umliegenden Meeren: im einen Gebiet ziehen sie sich gleichmäßig zurück, wenn die Tethys sich vertieft; im anderen bleiben sie; in wieder anderem machen sie gelegentlich sogar dieselbe Bewegung, statt die entgegengesetzte, mit. So scheint dann bei eingehender Spezialbeobachtung das rhythmische Gesetz verwischt und

139

unwirksam — und doch: sobald man wieder das Ganze des Geschehens in größeren Zeitstrichen und damit gewissermaßen aus der Ferne überblickt, gewahrt man deutlich den großen Rhythmus.

Diese Rhythmen des Meereswechsels, die sich auch noch auf andere Arten erstrecken — so beispielsweise auf gewisse nordsüdlich und ostwestlich wechselnde Meeresbedeckungen in anderen Gebieten — sind selbst wieder eingegliedert in noch größere rhythmische Bewegungen der Erdrinde. Sie stehen möglicherweise, wie Joly nachzuweisen versuchte, mit den radioaktiven Umsetzungen der tieferen Erdrindenzone in ursächlichem Zusammenhang. Die dort entstehende Wärme kann sich nicht nach außen kompensieren, es treten Schmelzungsprozesse ein, und da die zerteilte kontinentale Kruste, ähnlich wie Eisberge im Meer, in ihre tiefere magmatische Unterlage eingetaucht steckt, so ergeben sich nach dem Gesetz des Gewichtsausgleiches oder der Isostasie auch kontinentale Bodenbewegungen. Später beginnt ein rückläufiger Prozeß. Kommt es zuerst zu Einsenkungen, so kommt es später zu Erhebungen. Man kann vielleicht sechs derartige Großumsetzungen in der geologisch erforschbaren Zeit nachweisen. Gegen Ende der Tertiärzeit war der letzte große Ausschlag nach oben, der die alpinen Gebirge der Erde auftürmte; heute stehen wir schon wieder in rückläufiger Phase.

Nach Bubnoff werden die erdgeschichtlichen Zyklen der großen Umsetzungen immer kürzer, die Bewegungen werden immer rascher. Ist der neuzeitliche Zyklus, der uns die jungtertiäre Alpenfaltung brachte und nun wieder im Verklingen ist, in Verhältniszahlen gesetzt = 1, so waren die früheren der Reihe nach rückwärts gezählt = 1,5 : 2,5 : 4 : 7 : 9. So hätte sich auch die Häufigkeit der gebirgsbildenden Vorgänge erhöht.

Aber die Bewegungen der Erdrinde und das wechselnde Hin- und Herfluten der Meere sind aus Rhythmen verschiedenster Art zusammengesetzt, wovon die größeren wohl auf den radioaktiven Erwärmungen und deren Wiederausgleich beruhen,

140

während kosmische Periodizitäten, wie etwa die wechselnde Achsenstellung der Erde, sowie die periodisch sich ändernde Exzentrizität der Erdbahn und das Zusammenklingen oder Dissonieren dieser beiden Mechanismen gleichfalls ihre Eigenwirkungen ausüben. Endlich kommt die durch lange geologische Zeitphasen sich erstreckende Abtragung oder Aufschüttung von Gesteinsmaterial auf einzelnen Erdkrustenstreifen hinzu, wodurch Belastungen und Entlastungen eintreten, die eben wieder nach dem Gesetz der Isostasie zu Auf- und Abwärtsbewegungen kleineren Maßes Anlaß geben. Endlich ist auch in Rechnung zu stellen, daß der Mond ehedem näher stand und seinerseits nicht nur durch Meeresgezeiten, sondern wohl auch in Epochen starker Aufschmelzung der tieferen Krustenzone diese in gezeitenartige Bewegungen brachte und so seinerseits nicht nur eine stärkere Bremsung der Erdumdrehung bewirkte, sondern auch eine verschiedenartige horizontale oder vertikale Bewegung den einzelnen Rindenteilen, je nach ihrer Beweglichkeit, mittelbar oder unmittelbar aufzwang. Alles dies mag dann stetig zusammengewirkt haben, mag durch gleichsinnige Häufung der Wirkung oder durch Interferenzen immerfort sich neu kombiniert oder zeitweise ausgeglichen haben, so daß die Gesamterscheinung des vorweltlichen Land- und Meereswechsels, wie alle erdgeschichtlichen Erscheinungen, ein kaum zu entwirrendes Gewebe der verschiedensten Kräfte und Zustandsänderungen gewesen sein dürfte.

Man hat von jeher in der Erdgeschichtsforschung versucht, den steten Land- und Meereswechsel in seiner gesetzmäßigen Folge und Abwechslung zu erfassen. Es gibt Perioden, wie die mittelkambrische, die devonische und die mittlere Kreidezeit, in denen sich in vielen Gebieten weltweite Meeresübertritte auf zuvor festländische Gebiete zeigen. Man sprach von „universalen Transgressionen", denen zu anderen Epochen, wie der Steinkohlen- und der oberen Triaszeit, eben wieder „universale Regressionen" gegenüberstehen. Man spricht von thalattokratischen und geokratischen Zeiten: die ersteren sind solche,

141

in denen die heutigen Kontinentalgebiete großenteils meerbedeckt waren, die letzteren solche, in denen viel Trockenland
auf den jetzigen Kontinentalflächen lag. Man muß bedenken,
daß eine unmittelbare Beobachtung von Ablagerungen früherer
Epochen und damit direkte Nachweise der einstigen Land- und
Meerverbreitung nur auf den heutigen Kontinenten möglich
sind; denn es ist noch nicht gelungen, in den Meeren selbst oder
gar in den ozeanischen Tiefen den Schichtenaufbau des Unter-
grundes zu ermitteln. Infolgedessen sind alle unsere geologischen Anschauungen nur eben aus der Beobachtung in den
Jetztweltländern erwachsen, also nur auf einem Drittel der Erdoberfläche, denn zwei Drittel sind derzeit meerbedeckt. Wir
müssen daher aus diesen räumlich nicht gar so ausgedehnten
Tatsachensammlungen auf die Gestaltung der übrigen unzu-
gänglichen zwei Dritteile der Erdoberfläche in vorweltlichen
Zeiten mittels Schlußfolgerungen unsere Vorstellungen gewinnen. Daher vermögen wir auch nicht den Rhythmus des
ehemaligen Geschehens so ganz sicher zu überblicken, wie es
nötig wäre, um zu erkennen, in welcher Weise die Fäden des
Gewebes eben verknüpft waren. Immerhin zeigen schon die
beschränkten Beobachtungen, daß das vorweltliche Wechseln
von Land und Meer, das periodische Aufeinanderfolgen von
bald stärkeren, bald schwächeren, bald nur mehr schwankenden
Bodenbewegungen und Gebirgsbildungen irgendwie einen
rhythmisch-periodischen Charakter hat, der entweder in Wal-
lungen und Umsetzungen des innerlich pulsierenden Erdkörpers oder in kosmischen Einflüssen oder eben in beidem zusammen, das ja auch verwoben ist, besteht.

Große Klimawellen.

Am deutlichsten zeigt der universale Klimawechsel auf der
Erde durch die geologischen Epochen hindurch einen groß-
welligen Rhythmus; die Kurve Abb. 39 bringt ihn zur Darstellung. Schon unterhalb des Erdaltertums, in der algonkischen
Zeit, liegen Anzeichen vor, daß damals teilweise ein sehr rauhes
142

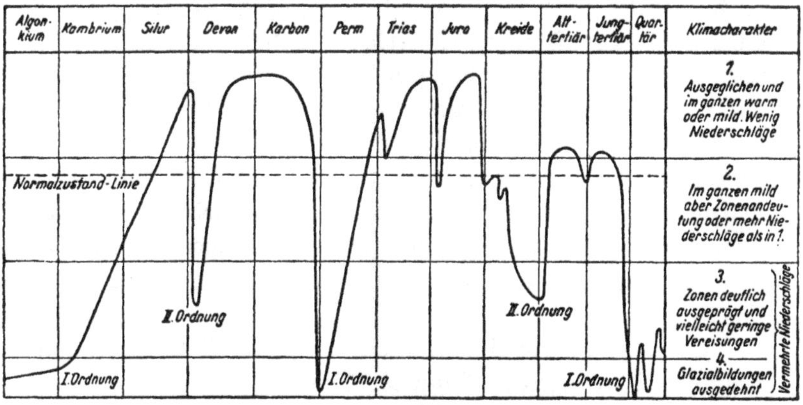

Algon-kium	Kambrium	Silur	Devon	Karbon	Perm	Trias	Jura	Kreide	Alt-tertiär	Jung-tertiär	Quar-tär	Klimacharakter
												1. Ausgeglichen und im ganzen warm oder mild. Wenig Niederschläge
Normalzustand-Linie												*2.* Im ganzen mild aber Zonenandeutung oder mehr Niederschläge als in 1.
			II. Ordnung						II. Ordnung			*3.* Zonen deutlich ausgeprägt und vielleicht geringe Vereisungen
I. Ordnung				I. Ordnung					I. Ordnung			*4.* Glazialbildungen ausgedehnt

Abb. 39.

Vorweltliche Klimakurve zur Darstellung des rhythmischen Wechsels warmer, ausgeglichener und gegensätzlicher Klimazustände bis herab zum Stadium der Eiszeiten. (Aus Dacqué 1915.)

Klima herrschte und Eisbedeckungen größeren Ausmaßes vorhanden waren, die sich noch bis in den Anfang des Erdaltertums, in die kambrische Zeit hinüberziehen. Gerade diese Tatsache, daß die uns besser bekannte Erdgeschichte nicht etwa mit einer großen Wärme anhebt, sondern umgekehrt mit Eisbildungen, war ehedem eine große Überraschung für die Erdgeschichtsforscher. Denn aus theoretischen Erwägungen hatte man angenommen, daß gerade die ältesten Zeiten sich durch besondere Bodenwärme noch ausgezeichnet hätten und daß damals die Sonne auch noch stärker gestrahlt hätte, weniger abgekühlt gewesen wäre. Im Laufe der drei Weltalter sollte dann der Abkühlungsprozeß des Erdinnern, damit die Abnahme der Bodenwärme und ebenso die der Sonnenstrahlung so weit vorgeschritten sein, daß sich am Ende der Tertiärzeit die „große Eiszeit" einstellen konnte, in der wir wohl heute noch leben und die zur Zeit nur durch eine günstigere Klimawelle unterbrochen sei. Die Sonne sollte mittlerweile in das Stadium des gelben Sternes getreten, die Abkühlung des Erdinnern seinen Höhepunkt schon erreicht haben. Nun sehen wir aber durch die inzwischen fortgeschrittene Kenntnis der geologischen

143

Zeiten und ihrer geographisch-klimatischen Zustände, daß keineswegs der Ablauf des erdgeschichtlichen Geschehens so schematisch war, sondern daß sich die Erde seit dem algonkischen Zeitalter in einem sehr regelmäßigen klimatisch rhythmischen Wechselspiel befindet, in dem Zeiten extremer Klimaverschlechterung mit solchen extremer Ausgeglichenheit und Allgemeinwärme wechseln, während dazwischen wieder kleinere, weniger extreme Schwankungen sich einschalteten, die ihrerseits wieder von noch kleineren, kurzfristigeren Schwankungen unterbrochen sind.

So folgt auf die algonkisch-kambrische Abkühlungszeit eine besondere Wärmezeit im Silur und Karbon, um dann an dessen Ende und in der ersten Hälfte der Permepoche wieder einem bedeutenden Abstieg Platz zu machen. Wieder erholt sich das irdische Gesamtklima im Erdmittelalter, sinkt in der Oberkreidezeit bedeutend ab, steigt in der Tertiärzeit wieder an und sinkt dann rasch zur diluvialen Eiszeit ab, um heutigentags uns noch in dieser Situation festzuhalten. Geologisch gesprochen wird in der Zukunft daher wieder ein allgemeiner bedeutender Wärmeanstieg zu erwarten sein. Alle diese großen Ausschläge sind, wie schon gesagt, wieder untergeteilt durch etwas kleinere kurzfristigere, wie im Devon, im unteren Jura, auch in der Endzeit der Kreideepoche. So gibt sich also auch im Klimawechsel ein deutlicher Rhythmus zu erkennen.

Selbst dort, wo sie unserem äußeren Betrachten unorganisch, tot und mechanisch erscheint, ist die Natur und alles Geschehen in ihr dennoch voll der mannigfachsten inneren Beziehungen. So kommt es, daß kein Geschehen sozusagen isoliert für sich abläuft; alles ist tausendfach mit anderem Geschehen verwoben. So wie das Bild eines Gobelins aus zahllosen ineinander gewirkten Fäden verschiedenster Art und Farbe besteht, so auch das uns von der Natur gebotene Wirklichkeitsbild. Wenn wir mit unserem endlichen, nur immer weniges ins Auge fassenden Verstand nun an die Natur herantreten, um sie zu entwirren, so machen wir vergleichsweise nichts

144

anderes, als wenn wir ein Gobelinbild dadurch zu verstehen suchten, daß wir einen einzelnen Faden darin loslösen und ihn verfolgen. Wir werden alsbald gewahr, daß dieser Einzelfaden für sich gar nichts sagt; daß er vielmehr mit vielen, vielen anderen Fäden verknüpft und verwoben, selber vielfach abgelenkt und wieder in andere Bildteile hineingewebt ist. Und so werden wir des Formgesetzes in der Nähe kaum gewahr. Aber das Bild als Ganzes, das uns nun gar keine Einzelfäden erkennen läßt, gibt sich eben doch in seiner vollen gesetzmäßigen Form. Kein rhythmisches Geschehen tritt uns daher in der Natur überall klar und rein entgegen, sondern ist oft durchkreuzt von Unregelmäßigkeit, oft verwischt. Diese Störung ist das typische Kennzeichen alles physischen, auch seelisch-physischen Daseins, das niemals rein die Gesetze und Abläufe, unter denen es seiner inneren Natur nach steht, verwirklicht, ebensowenig wie je eine konkrete Form die reine Idee ihres Typus, ihrer Gattung zum Ausdruck bringen konnte. Dennoch steht es unter diesen Gesetzen, und wenn sie in ihrer formalen Auswirkung und Darstellung gestört oder verwischt erscheinen, so stehen auch die zu solchen Störungen und Verwischungen führenden Abläufe selbst wieder unter dem Gesetz des Rhythmus und der Polarität.

Rhythmen im organischen Reich.

Aus den erdgeschichtlichen Formationsbildungen wie auch aus den Tier- und Pflanzenfunden, sowie aus der Art und Weise der geographischen Verteilung und Vergesellschaftung des Lebens in den einzelnen Zeitaltern ist festzustellen, daß auch die Intensität der Sonnenstrahlung, insbesondere die Lichtfülle bedeutenden Schwankungen unterworfen gewesen sein muß. Ob dies nun davon kommt, daß die Sonne selbst zeitweise weniger strahlte — denn auch sie hat ihre Intensitätsperioden — oder ob etwa atmosphärische Dunstbildungen das Sonnenlicht zeitweise abhielten: jedenfalls hat sich erweisen laffen, daß es zu allen Zeiten unter der Tier- und Pflanzenwelt Formen gab, die energisch auf Lichtwellenänderungen reagierten, andere, die dagegen weniger empfindlich waren. Das aber führte in dem Evolutionsgang der Gattungen und Typen zu ganz verschiedenen Umwandlungserscheinungen, und Wilser konnte nachweisen, daß die biologische Stammesgeschichte der „Lichtflüchter" grundsätzlich von jener der „Lichtfesten" sich unterscheidet. Die niederen (wirbellosen) Tiere gehören weit überwiegend zu den Lichtflüchtern. Wenn sich also in der Entwicklungsgeschichte des Lebens, wie man lange schon weiß, gewisse Krisenzeiten der Umbildung, des Aussterbens und Neuentstehens bemerkbar machten, so erweisen sich diese am auffälligsten gerade in den lichtempfindlichen Gruppen, während umgekehrt die lichtfesten und -widerstandsfähigeren sich einer regelmäßig fortschreitenden Evolution zu erfreuen hatten. Diese Tatsache erlaubt, in den wechselnden Lichteinflüssen im Lauf der Erdgeschichte einen der Faktoren zu sehen, welche die Umwandlung des organischen Reiches von außen her mitbedingt, ja vielleicht entscheidend beeinflußt haben.

Infolgedessen sehen wir das organische Leben insbesondere mit dem klimatischen und photischen Wechsel eng verwoben und müssen daher auch in dessen Entwicklung und Verbreitung entsprechende Rhythmen feststellen können. Dies ist in der Tat der Fall. So haben wir am Beginn des Erdaltertums, wie schon S. 65 angedeutet, eine kaum noch kalkschalige Tierwelt; Kalkschalerbildung unter Meerestieren ist immer das Zeichen besonderer Wärmeeinwirkung durch das Wasser. Mit der warmen Silurzeit und schon von der mittelkambrischen Zeit ab begegnen uns dann auch wirklich bedeutende kalkschalige Faunen in den damaligen Meeren, wofür die stark aufkommenden Korallenriffe ein besonders deutlicher Hinweis sind. In der absteigenden Klimakurve der Permzeit ist auch wieder eine Krise in den Kalkschalern der Meere zu beobachten; viele Gruppen sterben aus oder werden auffällig reduziert.

146

Auf dem Lande, wo seit der Karbonzeit das Reptilwesen sich stark entfaltet hatte, ebenso wie die Amphibien, wird mit der Permzeit nach nochmaliger großer Üppigkeit ein Aussterben sichtbar. Nur weniges rettet sich hinüber in die Triaszeit, erlebt dort abermals unter der wieder einsetzenden Wärme eine erneute Blütezeit, wo dann auch im Jura noch eine unglaubliche Entfaltung der kalkschaligen Meerestiere und der Reptilien sich einstellt. Und mit Ende der Kreidezeit, mit der absinkenden Klima- und daher auch Lichtkurve erfolgt wieder eine starke Krise im Tierleben der Meere und Länder: viele der ersteren sterben aus oder ziehen sich aus den lichtdurchleuchteten Oberflächenwassern zurück in dunklere und dunkle Tiefen. Auf dem Lande sterben die Reptilien in ihren vielen Spezialstämmen aus, nur verhältnismäßig wenige retten sich herüber in die Tertiärzeit, wo nun unter dem Wiederanstieg der Wärme das zuvor nur spärliche und unscheinbare Leben der höheren Säugetiere plötzlich sich voll entfaltet und einen Siegeszug über die ganze Erde hin antritt, der nun abermals mit dem herannahenden Eiszeitalter des Diluviums jäh abbricht, so daß das, was wir heute noch an Säugetieren auf der Erde finden — von den Reptilien ganz zu schweigen — nur noch einen spärlichen Rest des einstigen Reichtums ausmacht.

Gerade das periodische Aussterben und das Neuaufkommen von Typen bei Tieren und Pflanzen in den geologischen Zeiten ist ein Hauptrhythmus. Man kann geradezu auch die einzelnen Zeitalter daraufhin vergleichen, was für biologische Wiederholungen sie haben. So hatten Devon- und Kreidezeit einen auffälligen Wechsel des Grundcharakters der Pflanzenwelt: in der Mitte der erstgenannten Epoche traten zum erstenmal die Farnorganisationen auf, in der Mitte der letzteren die bedecktsamigen Blütenpflanzen und die Laubhölzer. In der Silurzeit ist es allgemein warm bis an die Pole hinauf, Korallenriffe entfalten sich, es entwickeln sich die ammonshornartigen Nautiloideen, schalentragende gekammerte Meeresmollusken besonders reichlich; in der Jurazeit ist es ebenso; statt der

Nautiliden sind es dort die Ammonshörner selbst. Die Zeiten von Perm und Untertrias hatten Wüstencharakter, es gab in der Permzeit im Süden Eisdecken, es verschwanden die Altreptilien und Altamphibien, und es kamen viele neue Gruppen von niederen und höheren Tieren auf. Die Grenzzeit von Algonkium und Kambrium hatte ebenfalls Wüstencharakter, hatte eine Eiszeit, und es kommt eine reiche neue Tierwelt in Erscheinung, während vermutlich eine ältere primitivere ausstarb.

Rhythmen und Aktualismus.

Es ist ja klar, daß durch die ehedem ganz andere Konstellation der Planeten und des Mondes mitsamt der Erde auch in der Vorwelt astronomische Rhythmen besonderer Art, heute nicht mehr bemerkbar, das Geschehen auf der Erdoberfläche beeinflußt haben müssen. Rätselhafte Oberflächenformen, wie die ausgedehnte Abtragungsfläche in der Permzeit Süddeutschlands, sowie auch Formations- und Schichtfolgen, die sich mit den heute wirkenden irdischen Bewegungen der Wasser- und Lufthülle nicht erklären lassen, haben Wilfarth zu der Annahme regelmäßiger periodischer Großfluten und -ebben gebracht. Wenn etwa in den bis zu tausend Meter mächtigen norddeutschen Salzlagern in auffallend regelmäßiger Weise die einzelnen feinen Salzblätter in zahlloser Wiederholung übereinander folgen; wenn sich die Buntsandsteinbildung der Triaszeit über ein Areal von der Größe Deutschlands erstreckt als eine Ablagerungsfolge mariner Sande und Tone, ohne daß man ein dauerndes Unterwasserstehen oder eine einmalige Meerestransgression dabei annehmen kann, so haben sich eben hier über ungeheure Flächen und in breitester Front jeweils periodisch hohe Meeresfluten ergossen und haben das Land nach und nach gleichmäßig abgeschliffen und an anderer Stelle in den Senken das Material, sei es Sand, sei es Salz, niedergeschlagen. In den norddeutschen Salzlagern beispielsweise sind mit ungemeiner Regelmäßigkeit die verschiedenen

Salztafeln übereinandergeschichtet, einmal die löslicheren, dann die schwerer löslichen, so daß hier wohl ein ganz deutlicher Ebbe- und Flutwechsel sich spiegelt, den man früher für einen Jahresringwechsel hielt. Aber was für ein Flutwechsel? Vieltausendmal folgen sich solche Schichtrhythmen übereinander; an einer Stelle hat man bis 27000 gezählt. Ohnehin sind ja auch die sonstigen Schichtfolgen der verschiedenen Formationen oft auf weite Flächen hin von einer unglaublichen Regelmäßigkeit, so wenn im Jura Hunderte von Metern übereinander die Kalkbänke gleichartig wechseln oder Kalk- und Mergelbänke einander ablösen, alles in kurzfristigen Rhythmen, wofür wir in der Jetztzeit keine entsprechenden Beispiele kennen.

Aber wie ist dies zu erklären? Die heutige Ebbe und Flut kann das nicht geleistet haben, denn sie ist geringfügig, erstreckt sich nur auf Ufersäume und in Flußmündungen hinein. Nölke hat wohl des Rätsels Lösung gefunden, wenn er zeigt, daß der Mond seit jenen Epochen seine Umlaufszeit um die Erde verlängert und seinen Abstand von der Erde vergrößert hat. Wenn wir auch der Meinung sind, wie der Abschnitt 11 dartut, daß der Mond als solcher sich nie von dem Erdkörper abgespalten hat, sondern von außen her eingefangen wurde, so muß doch nach seinem Einfang eine Epoche größerer Erdnähe und näheren Umlaufs bestanden haben, und seitdem muß er sich wieder von der Erde entfernt haben, was er bis zur Stunde noch tut, wie astronomische Berechnungen für die Zeit des klassischen Altertums selbst beweisen. Nun ist, worauf schon H. F. Darwin seinerzeit hinwies, die Gezeitenwirkung des Mondes auf das Weltmeer proportional der dritten Potenz seines Erdabstandes. Damit aber wird nach Nölke ohne weiteres verständlich, daß in der Permzeit und im darauffolgenden Erdmittelalter Großfluten streng periodischer Art mehrere hundert Meter Höhe erreichten und landein- und -auswärts brandeten. Es kamen da bestimmte Spring- und Nippfluten in rhythmischer Folge zustande, und sie erklären jene merkwürdigen Oberflächenformen wie auch die Sedimentation. Die aktualistische

149

Lehre, die wir S. 9 schilderten, reicht also auch hier nicht aus, und betrachtet man die urweltlichen Erscheinungen ohne dogmatische Bindung, so kommt man, wie hier gezeigt, zu solchen der Jetztzeit fremden Rhythmen erdgeschichtlichen Geschehens.

In der Einführung (S. 9) sprachen wir von der aktualistischen Lehre und ihrem Gegensatz, der Katastrophentheorie. Gerade die alte Katastrophenlehre aber hatte vor dem allzu eng gefaßten Aktualismus den bewußten oder unbewußten Vorzug, die Idee des Rhythmischen in sich zu tragen. Das Aktualistische meint, den Zufall und den reinen Mechanismus zum Erklärungsprinzip erheben zu können; Rhythmus aber heißt, selbst im mechanistischen Sinn dargestellt: Ordnung und Regel, unter Ausschluß des Zufälligen. Und hier liegt der tiefere weltanschauliche Grund, weshalb die alte, freilich im einzelnen vielfach falsche Katastrophenlehre mit ihrem rhythmischen Gefühl im Lauf des 19. Jahrhunderts dem Aktualismus in Geologie und Biologie weichen mußte: man hatte denkerisch keinen Platz mehr für das unmechanisch gestaltende rhythmische Wesen in allem Dasein, im Organischen sowohl wie im Unorganisch-Kosmischen. Rhythmus ist das Atmen der Welt — und eben dies ist, äußerlich gesehen, Mechanismus.

Schon von den frühesten Urzeiten des Archäikums an, auch wenn wir noch so wenig Einzelnes daraus wissen, zeigt der Erdkörper, ebenso wie in den darauffolgenden drei großen Weltaltern, seine lang- und kurzwelligen Daseinsrhythmen — Atemzüge, unter denen sich die Felsen zum Meere wälzten oder selber aus Meeren entstiegen; in denen die Feueressen der Vulkane bald weithin wirkend ausbrachen, bald wieder still waren wie ein schlafendes Tier, das demnächst wieder auf Raub ausbricht. Meere gingen über Länder dahin, Gebirge tauchten auf und versanken wieder und wurden in Ruhezeiten, die den Aufbruchzeiten folgten, abgetragen —ein Kreislauf der Stoffe, mechanisch scheinbar nur, und doch darin ein immer-

150

währendes Neugebären von Formungen und Gestalten, wie auch im Lebensreich. Es war ein Auf und Nieder zu allen Zeiten, ein Kampf zwischen beharrenden und vorstoßenden Mächten, symbolische Wirklichkeit, von der uns alte Mythen als von Götter- und Titanenkämpfen erzählen, die nun eine so grandiose Wirklichkeitsunterlage haben. Sollte ein frühes Menschentum davon gewußt haben? Konnte es schöpfen aus den Quellen eines ihm selbst noch verstandlich unbewußten Schauens, worin seine Seele aus den Urgründen der Natur Dinge zugeflüstert bekam, die wir nur mühsam von außen her in unserer Wissenschaft erarbeiten?

Rhythmus ist immer das Kennzeichen eines Innerlich-Lebendigen und Lebendig-Schaffenden. Der Kosmos hat Rhythmus, und von ihm als sein Teil hat es auch die Erde. Wir sprechen vom Rhythmischen der Bewegung und Folge oder auch vom Stehend-Rhythmischen der Form. Wir sprechen ja auch von einem Rhythmus der starren Architektur, und auch wenn wir eine Gestalt in Marmor sehen, ist es das Rhythmische, das wir in dieser Erstarrung durchfühlen, ja unmittelbar erblicken, wenn anders es ein rechtes Kunstwerk ist. Am stärksten und unmittelbarsten begegnet es uns in der Musik, und hier vollends ist das Rhythmische so sehr die eigentliche Wirklichkeit, daß Schopenhauer sagen konnte, die Musik spreche vor allen anderen Künsten das Wesen des „Ding an sich" aus. Hat doch auch Goethe die Architektur „gefrorene Musik" genannt.

Ganz ebenso ist es mit den organischen Gestalten: die Gestalt selbst, aber auch das Kommen und Gehen, das Werden und Vergehen durch die Zeiten offenbart den Rhythmus. Dies hat ja auch den Anlaß gegeben zu der oftmals behandelten Idee einer analogen Wiederkehr geschichtlicher Ereignisse auch in der Menschenwelt. Solche Analogien hat ein vielgenannter Kulturmorphologe in seinem Werk vom „Untergang des Abendlandes" bis aufs äußerste herausgearbeitet und eben darauf auch sein Urteil über die nächste Zukunft unserer abendländischen Geschichte gegründet. Aber wenn man nach solchen periodischen Wiederholungen forscht, so darf man doch nie erwarten, daß sie in gleicher Form das wiederkehren ließen, was einstmals war. In der Natur gibt es nie Kopie, nur Original, und jeder Rhythmus liefert daher nur in einem gewissen abstrakten Sinn ein Gleiches. Nicht einmal der astronomische Rhythmus der Erddrehung und des Planetenumlaufes ist nur mechanisch, so daß er immer dasselbe gebären, immer dieselben Konstellationen wiederholen würde; sondern immerfort verschiebt sich in nie erschöpfter Neuheit der Kombination der Zusammenhang. Auch die mathematische Fassung erreicht die Wirklichkeit da nicht, und am wenigsten im organischen Reich. Alles Leben, das seelische wie das physische, die nie getrennt sind, verläuft grundsätzlich unter zwei Bestimmtheiten: Rhythmus und Polarität. Beide sind im Wesen ein und dasselbe. Rhythmus ist die Bewegung, Polarität die Art der Verankerung des Rhythmischen, durch dessen zwei konträre Festpunkte erst der Rhythmus, die Welle möglich wird.

So ist also auch die Nichtwiederkehr desselben Dinges oder Geschehens ein Ausdruck für das innerlich Lebendig-Rhythmische des Kosmos, in den die Erde und alles Leben mit eingewoben ist. Gerade die mechanistische Naturerklärung setzt die Möglichkeit des gleichen Ablaufes in allen Zeiten voraus. Aber zu wissen, daß in jedem Zeitaugenblick alles neu und daher alles in einem ganz wörtlichen Sinn stets elementar sein muß: das ist organische Weltanschauung.

9. Zeit und Tod im organischen Dasein.

Große Zeitphasen.

Wenn wir das Ganze der „historisch-geologischen" Zeitalter übersehen, so kommt das Leben mit dem Beginn des
Erdaltertums uns in einem großen ausgeweiteten Pulsschlag
vollströmend entgegen, um von da aus nun durch die folgenden
Epochen sich in auf- und absteigenden Wellen immer wieder
neu darzustellen. Die Gattungen und Arten schwinden, es
kommen neue und entfalten sich, sterben wieder — das Leben
drängt und quillt in immer neuen Formen hervor. Aber eben
diese vollen Pulsschläge verraten uns von selbst einen weit
vor die bekannten Erdepochen zurückreichenden Rhythmus,
zumal ja auch die erste sichtbare Lebenswelle am Beginn des
Erdaltertums in sich einen absteigenden Bogen bildet, der sich
erst mit der Silurzeit wieder zu neuer Stärke erhebt. Lebenswelle auf Lebenswelle mag schon in vorkambrischer, in algonki-
scher und archäischer Zeit dahingerollt sein, ehe es zu dem kam,
was wir durch Fossilfunde in den oberen drei Hauptweltaltern vom Kambrium bis zur Jetztzeit gewahr werden. Von
welcher Dauer aber waren die Lebenswellen der erdgeschichtlichen „Spätzeiten" gegenüber denen der darunterliegenden
algonkisch-archäischen Zeit?

Mit der kambrischen Epoche, also mit Beginn des Erdaltertums waren, wie schon im Abschnitt 2 besprochen, alle
wesentlichen Stämme des Tierreiches vorhanden. Zwar
fehlen bis heute noch Funde der höchsten Tierklasse, der Wirbeltiere, deren niederste die fischartigen Wesen sind; aber es ist

153

nach bestimmten paläontologischen und entwicklungsgeschichtlichen Daten wohl nicht daran zu zweifeln, daß auch im primitiven, vor allem im unverknöcherten Skelettzustand schon damals gewisse Formen des Wirbeltieres existierten und wohl noch gefunden werden können.

Existierten also wohl schon in kambrischer Zeit alle Tiertypen — von den niederen wissen wir es durch unmittelbare Funde — so sagt dies unmittelbar, daß die Hauptentwicklungszeit und die Herausbildung der Grundstämme des Tierreiches in den großen dunkeln Epochen vor dem Erdaltertum, Algonkium und Archaikum, liegen muß. So wenigstens muß man schließen, wenn man nicht glaubt, daß die kambrische Tierwelt überhaupt die allererste der Erde gewesen sei, was aus biologischen Gründen nicht anzunehmen ist.

Diesen Gedankengang führt Jaekel weiter, indem er sagt: Der Zeitraum der organischen Entwicklung seit dem Beginn des Erdaltertums bis heute ist gewiß groß und dennoch kann er nur ein kleiner Teil der Gesamtgeschichte des organischen Lebens sein. Es war ein unendlich langer Weg von den vermutlich einfachsten Urgestalten organischen Lebens zu den hochorganisierten Typen des kambrischen Zeitalters; denn diese stehen schon völlig auf der Höhe des heutigen niederen Tierreiches. Selbst ein angenommener Entwicklungsweg von den heutigen niedrigsten Typen, den einzelligen Amöben, bis zu einem kambrischen Krebs müßte unmeßbar groß sein. Wenn man auch nicht annehmen wolle, daß jeder höhere Typus in seiner einstigen Entwicklungsgeschichte sämtliche Formzustände der niederen Tierwelt durchlief, sondern wenn es auch unmittelbarere Entwicklungswege gebe, so sei es doch wahrscheinlich, daß jedes Organ eines höheren Typus erst nach unzähligen Schritten seine Vollendung erreicht habe und daß dieser Weg auch viele Umwege einschloß und somit sehr lange Zeitspannen der Entwicklung bedeute. So liege beispielsweise in der Skelett- und Schalenbildung, durch die allein wir ja frühe fossile Formen kennen, nur der Abschluß eines

154

langen Entwicklungsganges; die Frühformen der Typen sind
skelett- und schalenlos gewesen. Erst wenn die Differenzierung
des Weichkörpers in allen ihren Zügen gefestigt war, kam es
zur Ausbildung fester Stützbildungen. Bis das Gehirn, die
Gliedmaßen oder die Sekretionsorgane sich aus dem einfachsten
Protoplasma oder gar dessen einstigen Vorstufen auch nur
als einfache Organe herausgebildet hatten, mußte unendlich
viel mehr Zeit vergangen sein als etwa bei den Fortschritten
in der Differenzierung der Gliedmaßen, die wir etwa zwischen
kambrischen Krebsen und ihren heute lebenden Verwandten
beobachten. Es könne daher keinem Zweifel unterliegen, daß
dieser letzte Fortschritt, als Wegeinheit genommen, kaum
$^1/_{100}$ des Gesamtweges der organischen Entwicklung sei. Gerade
für die ersten Stadien der Entwicklung müssen wir sehr lange
Zeiträume ansetzen, denn die „Biologisierung der Atome",
d. h. die Komplizierung und Vervielfältigung der scheinbar
einfachsten unauffälligsten Träger der Lebensvorgänge sei
ja gerade die Hauptphase der Entwicklung gewesen. Demgegenüber schrumpfe, zeitlich gesehen, die ganze Entwicklungs-
spanne vom Kambrium bis zur Jetztzeit auf ein kurzes Stück
des Gesamtweges zusammen. Ich glaube also, schließt Jaekel,
daß wir nicht zu hoch greifen, wenn wir den Weg der Lebensentwicklung von der Urzeit bis zum Beginn des Erdaltertums
für viel hundertmal größer halten als die letzte Wegstrecke
selbst, die sich seit der kambrischen Epoche bis zu uns überblicken läßt.

Wir wollen diese Auffassung hier einstweilen gelten
lassen, um ihr nachher einen anderen Gesichtspunkt entgegen-
zustellen; und wollen noch eine andere großwellige Phase betrachten, welche die Eigentümlichkeit hat, daß sie im Lauf der
Zeiten sich offenbar verkürzte: die Gesamtentwicklung des
organischen Reiches.

Nicht nur ein gewisser Rhythmus liegt in dem organischen
Geschehen, nicht nur gewisse Wiederholungen zeigen sich,
sondern die Entfaltung des Tierreiches selbst scheint sich mit

155

den geologischen Zeiten auch sehr beschleunigt zu haben. Nach der Mächtigkeit der Formationen zu schließen, müssen wir das Erdaltertum für viel, viel länger halten als das Erdmittelalter, dieses für viel länger als die Erdneuzeit; Zahlenverhältnisse haben wir auf S. 25 schon gegeben. Nun hat sich die Entwicklung der Säugetiere wesentlich in der Tertiärzeit vollzogen, also in einer außerordentlich kurzen Zeitspanne, wenn man damit das Erdaltertum vergleicht. Wir müssen annehmen, daß die meisten Stämme der niederen, der wirbellosen Tiere schon vor der kambrischen Epoche lebten; sie haben seit jener Urzeit, wenn auch in den Spezialtypen wechselnd, sich nicht wesentlich

Abb. 40.
Kleine Taschel (Lingulella) aus der kambrischen Zeit, hornschalig, ein uralter Typus eines im Meeresboden steckenden muschelähnlichen Tieres, das in gleicher Form durch alle Zeitalter bis heute fortbesteht. (Aus Kayser 1923.) Natürliche Größe.

umgebildet und dauern größtenteils bis heute noch fort. Ja einzelne Formen sind nahezu unverändert dieselben geblieben (Abb. 40). Ganz anders das Säugetier, das im Erdmittelalter nur untergeordnet sich in niederen Organisationsgraden entwickelte, dann aber mit der Tertiärepoche den ganzen Reichtum seiner Gestaltung herauswirft und heute schon wieder sehr im Abklingen ist. Auch das Reptil hatte von der Mitte oder dem oberen Teil des Erdaltertums ab das ganze Erdmittelalter hindurch eine sehr lange Spanne Zeit zu seiner Entfaltung, weniger lang als die niederen Tiere, aber bei weitem länger als das Säugetier. Es muß sich also der Entwicklungsgang des Lebens mit der Zunahme der Höherorganisation jeweils beschleunigt haben, und wenn es richtig ist, daß der Mensch als letztes Typenwesen erschien, so ist hier die biologische Entfaltung, wohin wir auch die Gestaltung seiner Lebensgemeinschaften rechnen dürfen, mit einer geradezu großartigen Schnelligkeit vor sich gegangen. Es ist gerade, als ob die späteren Typen mit den Lebenserrungenschaften der frü-

156

heren, jeweils niedereren, von innen her schon begabt gewesen seien, als sie auftraten, und daher schon Entwicklungsgrade mitbrachten, die sie zu immer rascherer Entfaltung befähigten; es ist gerade so, als ob durch den Lebensgang der jeweils früheren die späteren einen innerlichen Fundus von biologischer Gestaltungskraft schon mitbekommen hätten.

Gestaltung und Mechanismus.

Die Anschauung, daß sich ein Typus langsam und nur durch kleinste Häufung von Umbildungen gestaltet und entwickelt habe, ist die Lehre des mit Ausgang des 18. Jahrhunderts einsetzenden äußerlichen materialistischen Fortschrittsgedankens, der nicht nur für die Kulturgeschichte, sondern auch für die Biologie maßgebend wurde. Schon wenn wir die oben zitierten Sätze lesen, daß eine „Biologisierung der Atome" einmal eingesetzt haben müsse, um die Lebensentwicklung einzuleiten; oder daß alle Tierwesen entwicklungsmäßig einmal im Lauf der Zeiten aus niedersten Wesen, etwa den Schleimklümpchen einzelliger Amöben, hervorgingen, so liegt dem eine mechanistische Vorstellung zugrunde, die sich das Werden lebendiger Gestalten nicht anders zu denken vermag als durch ein Häufen von Eigenschaften, durch welche eine frühere Form „mehr" wurde. Und dieses Mehr aus Häufung soll eine höhere Grundorganisation sein. Es fehlt dieser Betrachtungsweise durchaus der metaphysische Grundbegriff aller Gestaltenlehre, daß nicht Einzelnes wird und daß nicht „am Organismus" einzelne Organe werden, sondern daß jeder organische Typus eine vollständige Grundidee des Lebendigen bedeutet; daß er, als Ganzes geprägt, da ist oder nicht da ist. Zwar mögen organische Typen zuerst in primitiverer Form gelebt haben, so etwa das spätere Wirbeltier zuerst als skelettloses Wesen; aber die innere Struktur, die Potenzen, mit denen es ausgestattet war von allem Anfang an, müssen schon mit dem ersten Auftreten in einer Primitivgestalt völlig gegeben gewesen sein.

157

Ist dies aber der Fall, so ist nicht mehr nötig, anzunehmen, daß die Herausbildung der Stämme und Grundtypen des Tierreiches so unendlich lange Zeit beansprucht haben müßte, wie Jaekel meint, weil er sich nicht vorstellt, daß der organische Entwicklungsgang etwas anderes ist und war als die allmähliche Ansammlung von Eigenschaften. Denn jeder Typus der organischen Natur ist Verwirklichung einer Formidee von innen her verursacht; in seiner äußeren Gestaltung und Abwandlung von der Umwelt zwar bedingt, aber dennoch an einer ganz bestimmten Stelle der umfassenden Zeit geworden; als Ausdruck eines inneren Geschehens, eines inneren Daseinszustandes, der nicht etwa aus Teilen besteht.

Der große weltanschauliche Einfluß der mechanistischen Transmutationslehre der organischen Formen, welche durchaus auf dem Gesichtspunkt der äußeren Nützlichkeit zufälliger Varianten und einer Häufung der geringfügig abgeänderten Einzeleigenschaften zur großen Wirkung beruht, wird verständlich, wenn man erkennt, daß zum Verständnis dieser Lehre keine Spur metaphysisch gerichteter Überlegung gehört, daß damit also einer Denkweise und einem Zeitgeist entsprochen war, dem der Gesichtspunkt eines Innerlich-Ganzen völlig fernlag.

Wenn eine Art oder Gattung sich in der geologischen Zeit umbildet, so geschieht dies nie, indem sich bald dieser, bald jener Teil, bald diese, bald jene Eigenschaft des Organismus anders gestaltet und sich dann alles allmählich wie ein Mosaik zusammenfindet, um ein neues Bild zu ergeben; sondern die Umbildung geht in allen Teilen gleichmäßig vor sich, der Organismus erweist sich stets als innere lebendige Einheit mit Innenbeziehung der Teile und stellt sich immer auf einmal dar. Es herrscht Korrelation — und eben diese immerwährende korrelative Einheit alles Einzelnen im Ganzen ist gerade das Wesenskennzeichen jedes Organischen. Gewiß sehen wir, etwa bei der Umbildung einer Huftiergruppe oder der Elefantenreihe (Abb. 38), daß Spezialisationen von Einzelorganen besonders

158

auffällig und vordringlich hervortreten, wenn die Gattungen sich wandeln. So löst sich auch der Trilobitenkörper des beistehenden Deiphon (Abb. 41) zum Zweck des Schwebens an der Meeresoberfläche in lange Strähnen auf, während der frühere Formzustand ein einfach geschlossener Körperpanzer war.

Abb. 41.
Trilobitenkrebs der Silurzeit, der Körper fast bis zu einer Spindel reduziert und in seitliche Strähnen aufgelöst. Vorzügliche Schwebe- und Schwimmform. (Aus Zittel-Broili 1924.) Verkleinert.

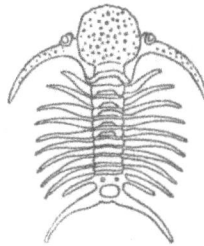

Aber wenn uns dies auch besonders ins Auge fällt, so sind doch auch die anderen Organe dieses Körpers entsprechend umgebildet, und zwar gleichzeitig, nicht etwa in Jahrtausenden oder Jahrzehntausenden nachhinkend. Es wird also nichts summiert, es wird nicht abgewartet, bis infolge einer Variante in der Richtung auf die Strähnenbildung soundso viele Generationen zugrunde gegangen waren; es könnte gar nicht abgewartet werden, bis nicht nur diese, sondern andere entsprechend nötige Eigenschaften auch nach und nach so umgebildet würden — das alles mußte vielmehr auf einmal gehen, sonst wäre die ganze Gattung schon tot gewesen, ehe sie überhaupt von den allenfalls nützlichen Zufallsvarianten zu ihrer Umbildung hätte profitieren können.

Die ganze, durch die Erdzeitalter paläontologisch zu beobachtende Umprägung des Tier- und Pflanzenreiches zeigt die selbständige Bestimmung der organischen Formenbildung von innen heraus. Es gibt nicht auf mechanische Umwege angewiesene Abänderungen, sondern es gibt nur unmittelbar aus dem Wesen des Organischen selbst hervorgehende Formbildungen und Umbildungen, die sich schon von Grund aus für bestimmte Umweltverhältnisse als die gegebenen darstellen. Es ist obendrein erwiesen, daß äußere Varianten, Lebenslagevarianten, wie die neuere Vererbungsforschung sie nennt, gar nicht in ihrer Form erblich sind. Nicht Form und Formen werden vererbt, sondern in der Keimbahn durch alle Generationen hindurch liegen Erbpotenzen, und diese sind es, die unter gegebenen äußeren Verhältnissen die Körperform entsprechend gestalten. Wird ein Frosch mit Fleisch gefüttert, so verlängert sich sein Darm. Aber nicht der kurze oder lange Darm wird vererbt, sondern die Potenz, die Fähigkeit, unter gewissen Ernährungsbedingungen einen kurzen oder einen langen Darm zu bilden, und die nächste Generation hat vorläufig wieder ihren normalen kurzen Darm, wie es der Art zukommt. Treten aber erbliche Abänderungen in Arten auf, so sind dies sprunghaft erscheinende Mutationen, wobei es für das Wesen der Sache gleichgültig bleibt, ob diese Formsprünge groß oder klein sind. Es gibt Zufallsvarianten von weitem Formausschlag; sie sind nicht erblich. Und es gibt Mutanten, die kaum einen ersichtlichen Umprägungsvorgang zu bedeuten scheinen, und die sind erblich. Also mit einem äußeren Daraufblicken ist gar nichts getan.

Es gibt gewiß äußerliche Variantenbildungen, die sozusagen nur zufällig sind, indem sie an einzelnen Individuen oder auch an allen Individuen unter besonderer Lebenslage erscheinen. Bleibt die Art dauernd in dieser Lebenslage, so sieht es aus, als hätte sie sich durch diese äußere Variation allmählich zu einer neuen Art umgebildet. Es gibt auch zahlreiche Übergangsformen, so daß man verschwimmende Reihen genug aufzeigen kann. Aber sie alle sind lebensfähige Gestalten und bringen die Einheit ihrer Grundform variabel zum Ausdruck.

Auf kleinen Inseln gibt es meist keine Insekten oder nur wenige, die aber ungeflügelt sind; geflügelte würden bald von den Winden in das Meer hinaus geweht. Wie kam diese biologisch nützliche Formbildung zustande? Mit der mechanistischen Lehre würde man sagen: Unter den Nachkommen ge-

160

flügelter Insekten waren eine Anzahl mit verkümmerten Flügeln, was übrigens auch experimentell erwiesen ist. Die schwachfliegenden wurden nicht so leicht oder überhaupt nicht ins Meer geweht, also überlebten sie, pflanzten sich fort, vererbten diese ihre Eigenschaft. So ging es in vielen, vielen Generationen weiter, bis endlich ganz flügellose übrigblieben. Aber war es denn mit der allmählichen Verkümmerung der Flügel getan? Da hätte doch auch die Ernährungsweise ganz umgestellt werden müssen, denn etwa Blüten konnten die schwachflügeligen oder die nichtflügeligen gar nicht mehr besuchen. Und ehe es überhaupt noch zu einer so weiten Reduktion der Flügel gekommen wäre, müßten die Arten schon längst ins Meer geweht gewesen sein. Die wundervolle Anpassung der Inselinsekten kann also nur gewirkt haben und zustande gekommen sein, wenn sie sofort und auf einmal erschien. Das aber heißt: unmittelbare Anpassung und Formgestaltung von innen heraus, in voller Manifestierung der inneren vorausschauenden Zweckmäßigkeit der Formbildung. Und das ist es, was die vorweltlichen Formenfolgen uns immer wieder zeigen, entgegen der konstruktiven mechanistischen Häufungstheorie.

Im übrigen bleiben die heutigen Formbildungen in engen Grenzen und sind in keiner Weise zu vergleichen mit den in jeder neuen Zeitstufe der Erdgeschichte auftauchenden neuen Gattungen. Im Entwicklungsgang jedes Typus können wir mit Beurlen drei Phasen unterscheiden: Eine Aufbruchsphase, in der ein neuer Typus in einem oder in mehreren Spezialtypen erscheint. Diese entfalten sich durch zunehmende Abwandlung (Abschnitt 3). Dabei erweisen sich die Spezialtypen und die Spezialarten als günstig oder ungünstig für den Kampf ums Dasein. Aber auch ungünstige können lange weiterleben neben günstigen. Endlich sterben sie aus, sei es, daß schon die ersten Spezialisierungsversuche sich als nachteilig erweisen, sei es, daß sie ihre Spezialisierungen zu einem gedeihlichen Ende führen können, sei es endlich daß

sie in Überspezialisierung geraten und damit sich sinnlos biologisch erschöpfen. Das wurde schon ausführlich geschildert
(S. 124).

Gattungs- und Artentod.

Es besteht im organischen Reich die übergewaltige Tatsache, daß das Leben mit dem unerbittlichen Tod verknüpft
ist und daß Leben ohne den Tod nicht denkbar ist in dieser
physischen Welt. Wenn Goethe einmal den Satz prägt von der
Natur: „Tod ist ihr Kunstgriff, viel Leben zu haben", so ist
dies eine nur poetische Art, dieses Schicksalhafte alles organischen Daseins auszudrücken. Auch Darwin hat den Tod zum
Mittelpunkt seiner Lehre von der Lebensentwicklung gemacht,
indem er den unendlichen Untergang zahlloser Keime und
Individuen als Grundbedingung der Artenumprägung in einer
für den Kampf ums Dasein nützlichen Weise ansah. Aber doch
scheint dies nur die äußerliche Seite der Angelegenheit zu sein.
Tod und Leben stehen wohl in einem ganz anderen, tieferen
inneren Zusammenhang, nicht nur für den Menschengeist
selbst, der irgendwo um das Geheimnis des Lebens im Tode
weiß, sondern auch für die Natur und das Prägen der organischen Formen.

Es gibt Individuentod und es gibt Arten- und Gattungs-
tod. Wir sprechen nur vom letzteren. Die Gattungen haben
in der Erdgeschichte ein verschieden langes Dasein; die einen
leben kurze Zeit, die anderen lange Zeit; die einen bringen
viele neue Arten hervor, die anderen wenige. Das ist verschieden. Aber die Gattungen der verschiedensten Stämme und
Ordnungen des Lebensreiches schließen sich auch zu Lebensgemeinschaften zusammen. Diese sind verschieden je nach dem
Erdraum, in dem sie leben, je nach den örtlichen Verhältnissen.
Sie sind auch verschieden nach der Zeitenfolge. Gewisse
Gattungen nehmen etwa im Meere an den Lebensgemeinschaften aller Tiefen teil, andere wieder sind streng auf eine
beschränkt. Die einen können im Salz- und Brackwasser leben,

162

die anderen ftreng nur im Salz- oder Süßwaffer. So ift es auch in der Zeit. In jeder erdgefchichtlichen Zeitphafe find Dauerformen mit vorübergehenden Formen in den einzelnen Lebensgemeinfchaften vereinigt. Durch Wanderungen, durch Hinzukommen von neuen Gattungen, durch Umbildung der äußeren Verhältniffe, wie Lichtftrahlung und Klima, erweifen fich die Lebensgemeinfchaften von Zeitftufe zu Zeitftufe immer wieder anders zufammengefetzt. So hat jede Gattung, jeder Formentyp feine beftimmte Zeit, und es fragt fich, weshalb und unter welchen Umftänden die einen leben, die andern fterben.

Gewiß gibt es äußere Urfachen der Vernichtung von Gattungen und Arten. Wenn eine Tier- oder Pflanzenform auf einem befchränkteren Landgebiet lebte und diefes wird von einem Meer allmählich eingenommen, fo mußte die gefamte Form ausfterben; das ift in der Erdgefchichte wohl nicht felten vorgekommen. Oder es hatte fich das Klima während einer geologifchen Epoche fo verändert, daß gewiffe Formen, die auf ein anderes Klima eingeftellt waren und darin fich lange Zeiten hindurch entfalteten, nun unter den neuen Bedingungen nicht mehr beftehen konnten. Oder es entftanden neue Typen, die nun gefährliche Konkurrenten der anderen im Kampf ums Dafein wurden.

Am Ende des Erdmittelalters find viele Gruppen der Reptilien ausgeftorben, und damals ging das Gefamtklima der Erde zurück, es bildeten fich deutlichere Zonen heraus; die allgemeine Wärme der vorausgehenden beiden Epochen, Trias- und Jurazeit, minderte fich ab. Temperaturrückgänge aber verlangfamen nach Audova die embryonale Entwicklung bei Reptilien, ja gewiffe niedere Temperaturen können diefe fogar bremfen. So beobachtet man an Jetztweltreptilien, daß die Jungen erft in der kälteren Jahreszeit zur Welt kommen, wenn die wärmere fehr kühl war. Aber dadurch, daß die Geburten fo fpät fallen, ift unmittelbar die Gefahr des völligen Ausfterbens der Art gegeben. Es kommt auch vor, daß fertig ent-

wickelte, zum Ausschlüpfen reife Individuen noch in der Ei-
hülle bleiben, wenn die Außentemperaturen ungünstig sind.
So kann Abminderung der Sommerwärme unmittelbar einer
ganzen Tiergruppe verhängnisvoll werden, indem sie gerade
den Nachwuchs ausfallen läßt. Vielleicht, meint Audova,
waren die erdmittelalterlichen Reptilien nach den großen
Wärmezeiten besonders empfindlich, mehr als die heutigen,
weil diese ja schon die Auslese der widerstandsfähigen Formen
darstellen, denn sie sind durch den Klimawechsel am Ende des
Erdmittelalters und zuletzt durch den der quartären Eiszeit
hindurchgegangen.

Daß dies nicht die durchgreifende Ursache für das Aussterben der üppigen Reptilwelt zur Oberkreidezeit sein kann,
geht schon daraus hervor, daß auch andere bedeutende und
weltweit verbreitete Gruppen damals dasselbe Schicksal erlitten. So die schmelzschuppigen Fische und die für die erdmittelalterlichen Meere so überaus charakteristischen Ammonshörner. Klimatische Bedingungen allein können nicht zum
Aussterben ganzer Gruppen über die ganze Erde hin führen,
höchstens nur örtlich, wenn die Gruppe, die es trifft, ohnehin
schon auf engen Raum reduziert ist. Gewiß war die diluviale
Eiszeit ein höchst einschneidender Klimawechsel, so sehr, daß
tropische Tiere der Tertiärzeit damals Haarpelze bekamen,
wie der fellbekleidete Elefant und das wollhaarige Rhinozeros. Diese beiden aber starben, nachdem sie sich immerhin
so ausgezeichnet an das rauhe Steppenklima am Rande der
Eisflächen angepaßt hatten, wie Beurlen darlegt, am Ende
der letzten Eiszeitphase aus, während ihre Genossen, Renn-
tier und Moschusochse, weiterlebten. Günstige äußere Bedingungen können in einem Falle zur Vermehrung und Verbreitung und Kräftigung einer Art führen, im anderen zu
einer Degeneration, wie Abel an den diluvialen Bären der
Mixnitzer Höhle gezeigt hat, die infolge ihres Wohllebens
und des von Feinden unbeeinträchtigten Daseins degene-
rierten.

Soweit wir also in der urweltlichen Entwicklung des organischen Reiches sehen, finden Aussterbevorgänge durch äußere Bedingungen nur statt, wenn die Gattungen oder Gruppen infolge ihrer eigenen Verfassung und Konstitution schon in einem absterbenden Zustand waren, in dem sie entweder räumlich eingeschränkt lebten oder den geringsten Anfällen von außen her nicht mehr widerstandsfähig und gewachsen waren, oder wenn ihre Formbildungsfähigkeit infolge weit vorgeschrittener Spezialisation starr geworden war und auf neuartige äußere Einflüsse nicht mehr durch neue zweckentsprechende Formbildungen antworten konnte.

Das läßt sich nach Beurlen einwandfrei dartun, wenn man sich darüber klar wird, was für ein biologisches, physiologisches und morphologisches Gepräge aussterbende Gattungen und Gruppen haben. Und das ist jedesmal die weit vorgeschrittene Spezialisation, worin ja auch günstige Anpassungsmerkmale, wie wir im Abschnitt 3 zeigten, so übertrieben sein können, daß ihr ursprünglicher biologischer Nutzungswert in sein Gegenteil verkehrt wird. Ist an sich die Erscheinung der Überspezialisation nun auch eine entwicklungsgeschichtliche Tatsache, sagt Beurlen, so ist doch ihre physiologische Ursache noch rätselhaft. Erst deren Aufklärung würde dann das Aussterben erklären. Alle Überspezialisationen haben das Gemeinsame: Störung des ursprünglichen Stoffwechselgleichgewichtes; sie sind gewissermaßen generelle Krankheitserscheinungen der ganzen Art. Ihre Begleiterscheinungen sind: Steigerung der Variabilität, Riesenwuchs, Vermehrung krankhafter Erscheinungen. Der Zusammenklang dieser Vorgänge ermöglicht es uns, ihre Bedeutung für das Aussterben zu erkennen.

Es läßt sich nachweisen, daß der diluviale Waldelefant durch Geburtenrückgang ausstarb. Riesenwuchs hat Verzögerung der Geschlechtsreife zur Folge. Riesenformen haben auch wenig Geburten, die Nachkommenschaft wird nicht rasch ersetzt. Riesenwuchs ist aber Regelerscheinung bei den Aussterbenden. Er hängt physiologisch unmittelbar mit den Ge-

schlechtsdrüsen, auch anderen, zusammen. Die Geschlechts-
drüsen aber bilden zugleich die Ausgleichsdrüsen zwischen den
anderen. Werden erstere in der Entwicklung gehemmt und
ihre Funktion geschwächt, so geht der innere Ausgleich verloren, die auseinanderstrebenden Faktoren dominieren regel-
los und ungleich — es kommt zu den obenerwähnten charakteristischen Erscheinungen der Überspezialisation. Diese ist somit die morphologische Sichtbarwerdung des von innen her
schon bestimmten Lebensablaufes der Gattungen und Gruppen
und zugleich die Bedingung, unter der überhaupt äußere Umstände einen entscheidenden Einfluß auf das schließliche Erlöschen gewinnen können. Das Aussterben als solches hat
daher durchaus seine inneren Ursachen, es liegt im Lebens-
rhythmus der betreffenden Formen.

Innere Zusammenhänge.

Das periodische Verschwinden von Tierformen und
-gruppen und den damit irgendwie zusammenhängenden
Wechsel der Erdoberfläche hatten wir im vorigen Abschnitt zum Gegenstand unserer Betrachtung gemacht. Man
kommt dabei wohl auf den Gedanken, ob nicht eben das Auftreten und das Aussterben der Gruppen und Typen auch
irgendwie innerlich in einem rhythmischen Zusammenhang
steht. Denn es ist zu auffallend, daß immer dann neue Gestalten erschienen sind, wenn die anderen abgelebt waren.
Man kann das durch den Kampf ums Dasein, durch das Frei-
werden von Wohnplätzen erklären, aber das ist ja erst die Folge,
nicht die Ursache des Neuauftretens von Formen. Diese entstehen vielmehr nach eigenen Gesetzen, und erst wenn sie entstanden sind, treten sie gemäß ihrer mitgebrachten Grundorganisation in den Kampf ums Dasein ein. Die daraufhin
erfolgende natürliche Bewährung und Auslese ist erst die Probe
darauf, ob die neu aufgekommenen Organisationsformen
geeignet oder ungeeignet für die gerade herrschenden Umwelt-

verhältnisse sind. Und es besteht daher eine innere wie eine äußere Beziehung zwischen dem Kommen und Verschwinden der organischen Formen.

Ein Beispiel für das Miteinanderkommen grundverschiedener Typen bieten die Schmetterlinge. Diese mit ihrem honigsaugenden Rüssel ausgestatteten Tiere sind auf die Existenz der bedecktsamigen Blütenpflanzen angewiesen. Dementsprechend gibt es echte Schmetterlinge erst von der Kreidezeit ab, wo auch die ersten echten bedecktsamigen Blütenpflanzen erscheinen; vorher konnten also auch keine echten Schmetterlinge leben. Nun finden wir aber vor der Kreidezeit, im Jura eine Anzahl Pflanzentypen, die eine gewisse Ähnlichkeit mit späteren Blütenpflanzen haben, aber doch ihrer Organisation nach nur äußerlich diesen Habitus an sich tragen. Zugleich begegnet uns damals aber auch eine schmetterlingsähnliche Gestalt, in mancher Hinsicht noch an die älteren Hymenopteren erinnernd mit anderem Bau des Rüssels. Es stand also in beiden Fällen das Erscheinen der tierischen Gestalt mit jenem der entsprechenden Pflanzengestalt in einer durchaus harmonischen Beziehung; aber es konnte nicht eines das andere nach sich ziehen, sie mußten lebensnotwendig miteinander kommen.

So wie nun jedem Einzelwesen eine gewisse Lebensdauer, eine Jugend, eine Reifezeit und ein absterbendes Alter gesetzt ist, so liegt es auch im Wesen der Art, der Gattung, ihre inneren Lebensperioden zu haben. Kein Zweifel kann sein, daß die Entfaltung und die äußere Mannigfaltigkeit zugleich von der Umwelt mitbedingt sind. Günstige Nahrungsverhältnisse, günstige Klimazustände fördern oder hindern diese Formentfaltung. Aber dennoch ist ersichtlich und erfahrungsgemäß in der Erdgeschichte die Umwelt stets so beschaffen gewesen, daß die einmal entstandenen Gattungen oder Typen auch sich in eine ihnen entsprechende Umwelt eingefügt fanden, in der sie sich nun weitertasteten und in ihren Spezialabwandlungen entwickelten. Aber stets sind extreme Spezialisierungen der Form

167

das Kennzeichen aussterbender und danach ausgestorbener Gattungen. Es ist also durchaus eine innere Bestimmung da, die über Lebensdauer und Tod entscheidet. Die Art, die Gattung, die Familien, sagt Beurlen, sind nicht nur mit einer systematisch-formalen Willkür in das Organismenreich hineingetragene abstrakte Einteilungen, sondern sind gewissermaßen Einzelwesen höherer Einheit.

Aber hier tut sich eine tiefere Sicht auf. Indem eben der Typus nach seinem Entstehen sich fort und fort anpaßt; indem er immerzu, wie wir es im Abschnitt 7 schilderten, wie unter einer nicht mehr einzuhaltenden treibenden Gewalt sich notwendig immer mehr an die Umwelt und ihre Erfordernisse verschreibt, verschreiben muß, führt ihn eben dieser Triumph über die Umwelt auch zum Tode. Der Tod ist, sagt derselbe Forscher, keineswegs der Sinn des Lebens, er ist vielmehr zwangsläufige Folge aus dem Verrat des Lebens an die äußere Zweckmäßigkeit, des Typus, der idealen Urform an die Materie. Der Sinn des Lebens ist vielmehr die innere Idee, die Entelechie und darin die Überwindung des Todes.

Hier bekommt der Tod über die nur äußerliche Untergangsbetrachtung hinaus einen tieferen Sinn und wandelt sich selbst zu einer Hülle des Lebens. So wie die Puppe des Schmetterlings, nachdem die Raupe sich eingesponnen, wie verschwunden ist, sich sogar in der Hülle auflöst, dann aber in neuer Gestaltung aufersteht und doch wieder, als dasselbe Individuum, ein neues Lebewesen ist, so vergleichsweise gehen auch die Gattungen in den erdgeschichtlichen Zeiten in den Tod, in das Verschwinden ein und es ersteht irgendwie aus ihnen ein Neues. Es braucht nicht nur einfache Verwandlung zu sein, wie es die gewöhnliche Abstammungslehre meint, so daß durch körperliche Umbildung Gattungen verschwinden, weil sie eben körperlich zu etwas anderem werden; sondern wir meinen den tieferen inneren Zusammenhang, der trotz des völligen Körpertodes dennoch von innen her wieder das Leben in neuen Formen und doch als dasselbe fortsetzt.

168

Es zeigt sich aber auch ein geheimer Zusammenhang zwischen dem Kommen und Gehen der Gattungen und Typen. Es ist, als ob das eine käme, wenn das andere erschöpft ist. Nicht als ob dies gerade streng im selben äußeren Zeitpunkt zusammenträfe; vielmehr werden manche Typen schon wie unbemerkt neben denen leben, die sie dereinst ablösen sollen. So ist schon in unscheinbaren, auch körperlich kleinen Formen das Säugetier im Erdmittelalter da, als das Reptil noch in zahlreichster Formenfülle überall verbreitet war und fast alle Lebensräume mit seinen mannigfaltigen Gestalten und Spezialisationen ausfüllte. Aber als es ins Aussterben kam, am Ende des Erdmittelalters, da brach in unglaublicher Reichhaltigkeit nun das Säugetier überall auf der Welt hervor. So geht es mit den Trilobitenkrebsen und den Ammonshörnern, so geht es mit den alten Fischtypen und den vollendeteren Knochenfischen. Hier bestehen innere Beziehungen, und es ist, als ob von innen her auch den Späteren zugute käme, was die Früheren in der Umwelt betätigten, erkämpften, erlitten.

Hier ist ersichtlich die Pforte zum Begriff der inneren Zeit, die allen Wesen gesetzt ist. Jede Gattung hat von innen her ihre Zeit. Eine Gattung erscheint, wenn ihre Zeit beginnt; sie verschwindet, wenn ihre Zeit erfüllt ist. Aber das nur mechanistische Denkvermögen ist so in seiner ausschließlichen Selbstverständlichkeit befangen, daß man auch das Leben selbst und seine Entwicklung als einen totmechanistischen Prozeß ansieht und nun aus dessen Rhythmus selbst wieder auf einen mechanischen Zeitablauf rückschließen will. Das Leben ist in seiner immer erneuten Mannigfaltigkeit — das sahen wir schon — mit den Erdumwandlungen verknüpft, und nicht einmal diese sind, ursächlich betrachtet, nur mechanisch, selbst dort wo sie uns nur solches zu sein scheinen. Sie stellen sich freilich äußerlich besehen, also in der quantitativen Zeit, so dar. Aber kann man denn mit mechanistischen Vorstellungen oder Berechnungen auch irgendwie in das Geheimnis der Zeitdauer eindringen? Ist wirklich die Zeit und das Geschehen in ihr ein

169

mechanistischer Ablauf, nicht vielmehr eine Manifestation metaphysischer Kräfte, denen ihre Offenbarung in der Natur nach ganz anderen inneren Bestimmungen zugeteilt ist, als nach denen des gleichmäßigen Tickens einer Uhr? Und könnte nicht diese Selbstverwirklichung des Geschehens auch in der Erdgeschichte ihre in den Epochen wechselnden Rhythmen haben, so daß dieselben oder scheinbar dieselben Vorgänge — denn das gleiche kehrt nie wieder — nun auch einen ganz verschiedenen inneren Sinn hatten?

Es gibt eine metaphysische Seite der Zeit. Zeit ist Sinnerfüllung, die sich in Erscheinungen ausspricht. Das Seiende als solches ist nicht abhängig von der äußerlich ablaufenden Zeit; sondern indem es in Erscheinung tritt, ist äußere Zeit und Zeitfolge da. Wir messen die Zeit und stellen ihre Dauer fest durch die Veränderungen und Bewegungen und Formbildungen, die sich vor unseren Augen vollziehen; also auch stellt sich die geologische Zeit dar durch die geologischen Abläufe bzw. ihre Niederschläge in Form erdgeschichtlicher Vorgänge und Aufschichtungen. Aber ist die Zeit stets gleich schnell abgelaufen, d. h. hat die gleiche in dem Erdgerüste erscheinende phänomenale Folge der Vorgänge bei gleicher Gestaltung auch stets absolut gleiche Zeit gedauert? Das muß gewiß nicht sein, und zudem kehrt nie das gleiche wieder; es ist immer aus anderen Kombinationen geflossen, nie ist in der Natur etwas dasselbe.

Erscheinungen freilich können nur in der Zeit sein; aber sie kommen aus dem allgegenwärtig-lebendigen Ganzen, das sie manifestieren. Die organischen Tier- und Pflanzenarten, um uns an das Konkrete zu halten, folgen einander reihenmäßig, kettenmäßig. Wir sehen die idealen Grundtypen in zeitlich aufeinander folgenden Arten abgewandelt vor uns; aber die innere Grundform, die Potenz, die Entelechie zu allen diesen Arten bleibt zeitlos in ihnen bestehen und ist in der ersten ebenso wie in der letzten. Solche Zeitlosigkeit der transzendenten „Urform" drückt sich in den zeitlichen Formen

170

und Arten aus. Ebenso ist es mit der Zeit in der Erdgeschichte: die Geschehnisse und Wandlungen der Erdgeschichte sind Ausbruck der zeitlosen Potenz des Erdkörpers. Da dieser mit dem All von innen her verwoben, weil er mit ihm eine innere zeitlose Einheit, also ein lebendiges Ganzes ist, so sind die erdgeschichtlichen Zeitgeschehnisse Ausbruck des kosmischen Grundbaseins. Damit erfüllt das Einzelne in Form ablaufender Zeiterscheinungen die innere „Zeit" des Kosmos. Und so treten aus diesem die erdgeschichtlichen Dinge in Erscheinung und brauchen nicht mechanisch aufzufassenden Zeithäufungen zu unterliegen.

10. Die Entstehung des Lebens.

Der Stammbaum.

Die Frage nach der Entstehung des Lebens auf der Erde enthält sozusagen zwei Themen. Das eine liegt in der Erörterung, ob das Leben im Meere oder auf dem Lande bzw. im Süßwasser zum erstenmal aufgetreten sei; dies haben wir im Abschnitt 2 kurz gestreift. Das andere aber befaßt sich mit Überlegungen über den qualitätsmäßigen Gehalt ältester Lebenssubstanz und über die Strukturform erster, denkbar frühester Organismen. Um eben diese letztere Frage handelt es sich hier. Zugleich schließt dies eine prinzipielle Stellungnahme zu dem Begriff des Stammbaumes ein.

Man kann, wie schon ausgeführt, das gesamte organische Reich durch die Erdzeitalter hindurch als eine Stufenleiter vom Niedersten zum Höchsten auffassen und es sich durch eine zusammenhängende Entfaltung entstanden denken. Sinngemäß diese Vorstellung nach rückwärts verfolgend, kommen wir damit schließlich an einen Punkt dieser Stammbaumentwicklung, wo sie begonnen haben muß, so wie ein Baum eben aus einem einzigen Samenkorn, gewissermaßen aus seiner „Urzelle" hervorgeht. Und so liegt die Frage nahe: Gab es einmal eine Urzelle für den gesamten Lebensstammbaum? Und wie war diese Urzelle beschaffen?

Das Leben ist, nach einem Wort von Joh. Walther, wie ein Teppich von jeher über die Erdoberfläche gebreitet; es ist vergleichsweise wie ein Wald, und ein Wald kann aus vielen Bäumen und Sträuchern bestehen. So ist vielleicht das Ge-

172

samtlebensreich gar nicht ein einheitlicher Baum, sondern ein Nebeneinanderstehen vieler Einzelbäume, die nur alle gleichsinnig in die Höhe wuchsen und sich nebeneinander entfalteten? Auch das wäre denkbar, und in diesem Falle müßten also mehrere Urstecklinge, mehrere Urzellen, mehrere unabhängige Uranfänge des Lebens auf der Erde existiert haben. Und so könnte gleichzeitig oder nacheinander auf dem Lande oder im Süßwasser oder im Meer Leben entstanden sein.

· In der biologischen Wissenschaft gilt im allgemeinen die erstere Auffassung, daß das Leben ein einheitlicher, nur von einer Urform ausgehender Stamm sei, als die wahrscheinlichste. Mit Recht lehnt man auch die von Physikern ersonnene, ganz unbiologische Annahme ab, daß von anderen Sternen zu verschiedenen Zeiten im kosmischen Staub organische Keime in unsere Lufthülle geraten, zu Boden gesunken seien und sich dann zu selbständigen Pflanzen- oder Tiertypen entwickelt hätten. Und doch ist die Annahme eines einheitlichen Lebensstammbaumes keineswegs unbedingt spruchreif.

Die Entwicklungslehre des verflossenen Jahrhunderts glaubte den Zusammenhang des ganzen Lebensbaumes zu erweisen, wenn sie einmal alle Formbildungen aller Zeiten vor sich sähe. Man dachte, der wahre „Stammbaum" des Lebens müsse sich in der zeitlichen Aneinanderreihung der je dagewesenen Arten und Gattungen zeigen. Je mehr Formenkenntnis man also erreiche, um so klarer müsse der Zusammenhang des gesamten Lebensganges durch alle Erdzeitalter hindurch sich offenbaren. Nun aber geschah das Gegenteil. Je mehr Material uns zufloß, je gründlicher wir die Lebewesen kennenlernten — nicht um so klarer, sondern um so verwickelter, um so undurchdringlicher wurde das Gewirr der Zweige und Äste in diesem vermeintlichen oder wirklichen Stammbaum. Heute ist es so, daß durch die eindringende Kenntnis zahlloser Gattungen und Arten der Vorwelt uns das Lebensreich nicht mehr wie ein schönverzweigter Baum vorkommt, sondern wie eine unübersehbare Fläche, auf der in bunter Mannigfaltigkeit

173

große und kleine, dichte und dürftige, enger und weiter stehende Sträucher und Büsche stehen, deren Geäst und Wurzelwerk sich vielfach wirr durchdringt und verschlingt, ohne daß es gelänge, die einzelnen Grundbildungen selbst unmittelbar und klar auseinanderzuhalten. Dies ist das objektive Ergebnis der Urgeschichtsforschung im Lebensreich, wenn man es nicht einer Theorie zuliebe verwischt.

Wenn man eine Darstellung des gesamten Lebensreiches in Form eines Stammbaumes gibt, wie dies in unserer Abb. 42 geschieht, so begibt sich das Merkwürdige: wir können nur die Äste und Zweige dieses Stammbaumes greifen, nicht den Stamm selbst, der sozusagen von sich aus, von innen her alles trägt, von dem alle Gestaltung ihren Ausgang nimmt. Betrachten wir das schematische Bild desselben, so sehen wir, daß die wirklichen, die naturhaft gegebenen organischen Formen nur in den Ästen sitzen; die zum Stamm führenden Bahnen sind nur mit den abstrakten systematischen Begriffen und Bezeichnungen besetzt. Wir können den Zusammenhang der Grundtypen nicht im Gegenständlichen der äußeren Natur greifen; und auch der Stamm ist — Metaphysik. Man irrte daher, wenn man jemals glaubte, den Stammbaum und seine Entwicklung durch das Aneinanderreihen der konkreten Arten in der erdgeschichtlichen Zeitenfolge äußerlich erweisen zu können. Der innere Zusammenhang ist nicht zu betasten, nicht materiell zu greifen und zu sehen. In der äußeren Welt der Formen fällt der gesamte Stammbaum in zahllose Einzeläste auseinander.

Wenn wir in der frühen geologischen Epoche an der unteren Schwelle des Erdaltertums ein voll entfaltetes Leben zum erstenmal deutlich sehen (S. 14), so wissen wir doch, daß jene Erstlingstierwelt gewiß nicht die älteste und früheste unseres Planeten gewesen sein kann. Denn so altertümlich die Gestalten in jener Frühzeit noch erscheinen, sind sie doch trotz ihrer verhältnismäßig tiefen Organisationsstufe schon so hoch entwickelt, daß wir auf eine noch vorausgehende Geschichte des Lebens

174

vor dem Erdaltertum schließen müssen. Stellen wir uns das
gesamte Leben in seinen mannigfaltigen, fast unübersehbaren

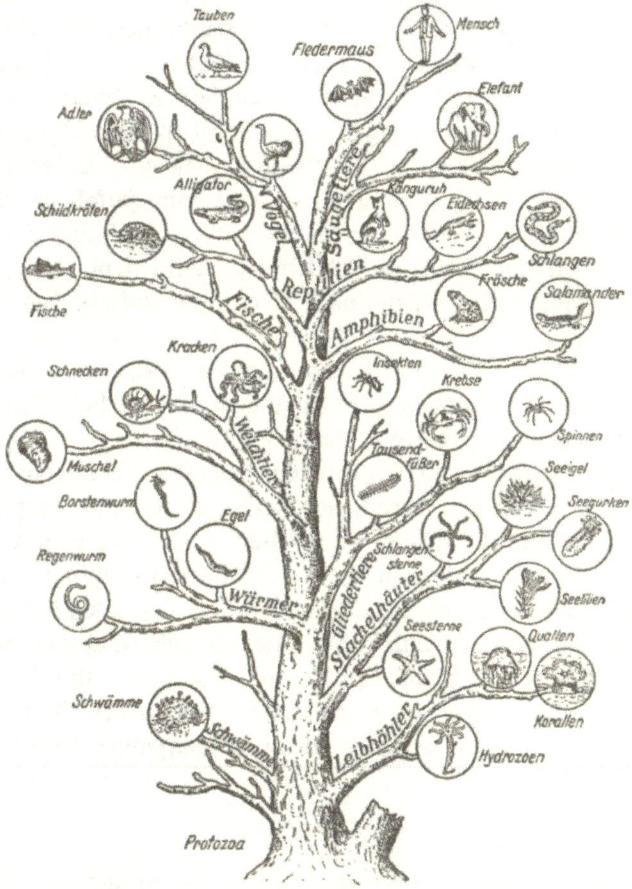

Abb. 42.
Schematische Darstellung der Stufenfolge des Lebens unter dem Bild eines Stammbaumes
worin die niedersten Formen zuerst, die höchsten später sich entfalten. (Aus Dacqué 1932.)

Formbildungen während der geologischen Epochen als ein
in sich zusammenhängendes Ganzes vor und nennen wir diesen
zusammenhängenden Entwicklungsstrom mit seiner typen-

175

mäßigen Abstufung den „Stammbaum", so beginnt vergleichs- weise unsere Kenntnis dieses Stammbaumes dort, wo viel- leicht schon alle Hauptäste deutlich nebeneinander bestanden, wohl auch mit Einschluß des obersten Hauptastes, der Wirbel- tiere, obwohl wir diese an der unteren Schwelle des Erdalter- tums bisher noch nicht in erkennbaren fossilen Überresten ge- funden haben. Das Nichtgefundensein ist in der erdgeschicht- lichen Forschung aber nie ein Beweis, daß eine Lebensform noch nicht existierte; denn wir sind sehr vom Zufall der Ent- deckung abhängig, und es existieren andere wichtige Gründe für die Annahme, daß es skelettfreie, freilich wohl kaum er- haltungsfähige Wirbeltiere auch schon am Anfang des Erd- altertums gab.

Auf jeden Fall müssen wir also die etwaigen Anfangs- formen des Urlebens in der archäischen Erdepoche suchen — aber wir haben ja von dort keine fossilen Reste (S. 154) und sind auch überzeugt, daß die ältesten, frühesten Lebewesen selbst nackt und skelettlos waren, ja vielleicht nur aus einfachen protoplasmatischen Zellen, Großzellen, bestanden, womit eine etwaige Erhaltung in den Gesteinsschichten unbedingt ausge- schlossen wäre. So bleibt nichts übrig, als den Weg der Spe- kulation zu betreten und sich — gewiß nicht rein phantasie- mäßig, sondern nach wohlgeordneten geologischen und biologi- schen Gesichtspunkten — eine Vorstellung von der Entstehung eines Urwesens und seiner etwaigen Beschaffenheit zu machen.

Erstes Leben.

Mit der Idee, daß die organischen Keime aus dem Welt- raum zur Erde gekommen seien, geben wir uns nicht ab. Weder ist es wahrscheinlich, noch liegt der geringste Anhaltspunkt dafür vor, daß im Weltraum selbst feinste Lebenskeime verteilt sind, welche auf die Planeten gelangen können; noch ist es wahrscheinlich, daß irgendein anderer Planet oder Planeten- mond, auch nicht solche in anderen Sonnensystemen, ein den

irdischen Bedingungen entsprechendes Leben tragen und aus
der Höhe ihrer Atmosphären auf vorbeistreichende Meteoriten
Lebenskeime abgaben, die sie einmal zur Erde brachten; oder
daß dies gar jetzt noch geschehe. Abgesehen von der durch
Weickmann und Milöner dargetanen größten Unwahrscheinlich-
keit, daß irgendwo im Weltraum noch einmal ein Planet mit
den gleichen Lebensbedingungen wie die Erde existiere, ist
ja auch die Frage nach der Entstehung des Lebens mit solchen
recht weit hergeholten Annahmen erkenntnistheoretisch überhaupt nicht berührt. Sie ist nicht einmal berührt mit dem
Hinweis auf die untermikroskopischen, aus gewissen Indizien
zu erschließenden Krankheitserreger und Bakterientöter, organismische Wesen unvorstellbar unterorganismischer Art, die
fremde Stoffe in sich aufnehmen und in eine den Lebewesen
gleichartige Substanz umwandeln können, außerdem Wachstum und Vermehrungsfähigkeit zeigen. Sie berechtigen uns,
sagt Rhumbler, „noch jenseits der Bakterien kleinere Elemente
vororganismischer Urzeugungsvorstufen anzunehmen... Sie
bieten der Annahme von Probionten oder Halborganismen
einen gewissen Rückhalt, der, so wenig hoch man ihn auch ein-
schätzen mag, zur Zeit als der einzige erscheint, der der logischen
Forderung der Urzeugung noch Boden gewährt".

Man nimmt auf Grund bestimmter Tatsachen und Überlegungen an, daß die Erde einmal ein glutflüssiger Stern im
Planetensystem war. Im Lauf langer Jahrmillionen kühlte
sie sich allmählich ab. Zuerst mögen sich da und dort Ansätze
zu einer schlackigen Rinde bemerkbar gemacht haben, ähnlich
wie auf einem eben erkaltenden glühenden Lavastrom; immer
wieder mögen durch Aufwallungen und Umsetzungen diese
ersten Krustenansätze von Glut überflutet, oftmals wieder gänz-
lich eingeschmolzen worden sein. Doch langsam siegte die Erstarrung; kleinere und größere Schollen bildeten sich — vielleicht die frühesten Anlagen uralter Kontinente. Aber sie waren
ungleich dicht und schwer, und so verlagerten sie sich aufwärts
und abwärts aneinander, die einen senkten, die anderen hoben

sich. Die gesenkten schwereren wurden die künftigen Ozean-
böden, die gehobenen leichteren die künftigen Kontinente.

Bei dem langsamen Erkalten und Ausprägen des ersten
Krustenreliefs und den noch immer sich fortsetzenden Spalten-
ausbrüchen des tieferen glühenden Gesteinsbreies kam es nun
zu starken Gasausscheidungen: es entstand die erste dichte
Wasserdampfatmosphäre, durchsetzt mit vielen Gasen und in
Gasform gelösten Stoffgemischen. Dabei stand alles noch
unter großem atmosphärischem Druck, eben wegen der Schwän-
gerung der Gashülle mit den verschiedensten Substanzen.

So kam es auch zu chemischen Umsetzungen des eben sich
bildenden harten Gesteinsmantels. Die immer wiederholten
Ausbrüche wurden durch zunehmende Festigkeit der Erdrinde
eingeschränkt, aber doch blieb der Boden stark bewegt, stieg
stellenweise domförmig empor, riß auf, sank wieder zusammen
oder legte sich durch die Unterströmungen der Glutbreimassen
in Falten. Doch schließlich nahm die Abkühlung so zu, daß es
aus der dichten Atmosphäre zu Wasserniederschlägen kam, die
wiederum chemisch auf die Erdrinde einwirkten und schwer
salzig waren. Zugleich aber begann mit dem Wassernieder-
schlag die Abtragung und Zerstörung der erkalteten Krusten-
teile, es kam zu Aufschüttungen, zu neuen, andersartigen Ge-
steinsbildungen an der Erdoberfläche. Nun folgte eine äonen-
lange Epoche starker Umsetzungen der festen Kruste und darauf
niedergeschlagener Urmeere und ihrer Schlammbildungen —
und damals vielleicht regte sich das erste Leben auf unserem
Planeten. Wie entstand es? Wie sah es aus? Wissen wir
etwas darüber?

Man kann nun eine vernünftige wissenschaftliche Antwort
hierauf nicht erwarten, wenn man sich nicht darüber grundsätzlich klar ist, was für Mindesteigenschaften ein solches Ur-
wesen gehabt haben müßte, um eben nicht mehr nur eine
organische Substanz, sondern ein Organismus, ein Lebewesen
wirklich zu sein. Was müßte es für körperliche und funktionelle
Eigenschaften gehabt haben, damit wir überhaupt von einem

178

echten Lebewesen sprechen könnten und nicht nur einen anorganischen gallertigen, wenn auch noch so beweglichen Urschleim oder bloß flüssige Kristalle und Kristallkeime vor uns hätten? Ein solches Wesen müßte besitzen: einen von innen her bedingten Zusammenhalt seiner Körpersubstanz, einen Zusammenhalt, der nicht mechanisch-molekular nur sein durfte wie bei einem Kristall, sondern auf der inneren Einheit des individuellen Körpers beruhen mußte. Auch wenn es nur eine Schleimmasse war, groß oder winzig klein, so mußte es mindestens irgendwie diese seine Körpermasse öffnen können, um Nahrung aufzunehmen, etwa indem es das Nahrungsteil umfließt oder überzieht. Aber auch wenn es nur durch die Körperoberfläche osmotisch Nährsubstanz anorganischer Art aufnahm, so mußte es diese Nahrung assimilieren können, es mußte also in sich einen Stoffwechsel haben. Es mußte fernerhin auf äußere Reize reagieren, und zwar so, daß es sich dann entsprechend verhielt, etwa bei der Nahrungssuche, bei der Nahrungsaufnahme, die es auch nach Bedürfnis unterbrechen konnte. Es mußte sich, wenn es nicht selbst individuell unsterblich war, auch irgendwie durch Teilung fortpflanzen, vermehren oder regenerieren können, und die Teilstücke mußten sich selbst wieder zu neuen Vollwesen entfalten. Ein Naturgebilde aber, das solcher Eigenschaften teilhaftig ist, das, wenn auch nur unbewußt, Bedürfnisse hat und von deren richtiger Befriedigung abhängig ist, ist eben ein „Organismus“ durch und durch. Und so sehen wir, daß unsere vorsichtige theoretische Überlegung und Annahme eines Mindestmaßes von urältestem Leben uns sofort wieder vor das ganze Lebenswunder schlechthin stellt und das Geheimnis uns nicht offenbart.

So ist also mit der Annahme, daß einmal zur Erdurzeit unter bestimmten äußeren Umständen aus Anorganischem durch zufälliges Zusammentreten bestimmter Stoffe das „Leben“ entstand, nichts Wesenhaftes für unser forschendes Fragen und für unsere Erkenntnis gewonnen. Wir bleiben auf der Außenseite des ganzen Problems und malen uns bloß ein formalistisches Bild, das uns doch im Grunde das Eigentliche verhüllt läßt. Es läßt sich überhaupt für den menschlichen Geist kein Ideenbild gewinnen, mittels dessen wir es uns verständlich machen könnten, wie Leben entstand — am wenigsten aus dem toten Stoff. So muß also schon unsere erste Fragestellung an die Natur: ob einmal solcherart das erste Lebewesen auf der erkalteten Erdrinde erschien, von Grund aus falsch gestellt sein. Wir müssen tiefer schürfen und zu einer anderen Vorstellung zu gelangen suchen.

Wenn auch zweifellos Stoffe, die der Chemiker „organisch" nennt, also Kohlenwasserstoffe, Eiweißstoffe u. dgl., unter bestimmten äußeren Bedingungen einmal in der Urzeit der Erde von selbst und vorübergehend entstanden sein sollten, so waren dies eben doch nicht organismische Gebilde, also echte Lebewesen. Es ist eine Verwechslung des Begriffes „organisch", im Sinne des Laboratoriumsstoffes, und des Begriffes Lebewesen oder Organismus. Die „organischen" Stoffe des Chemikers gehören ganz und gar zu den unorganischen. Sollte also nach der kausal-mechanischen Auffassung das Urlebewesen durch ein natürlich-organisch-chemisches Stoffebilden entstanden sein, so müssen wir auch bei dieser einfachsten Überlegung sehen, daß es wesenhaft verschieden von den organischen Stoffen des Chemikers gewesen ist. Hier versagt die einseitige materialistische Auffassung völlig. Was aber ist sonst wohl denkbar?

Organismisch und Anorganisch.

Wir können das, was wir sagen wollen, durch das Bild und den Vergleich mit einem Organismus selbst uns klarmachen. Von außen besehen sind die Glieder und Sinnesorgane und Bewegungen eines Organismus ganz verschieden. Man kann etwa die Glieder scheinbar unabhängig voneinander gebrauchen, man kann den Arm heben, das Auge bewegen, den Mund sprechen lassen, währenddessen alle übrigen Glieder und Organe scheinbar völlig in Ruhe verharren. Und doch ge-

180

hören zu jeder noch so kleinen Bewegung innere Vorgänge im ganzen Organismus, also etwa eine bestimmte Veränderung des Pulsschlages, eine gewisse Betätigung der Nerven, des Gehirns — und so weiter in tausenderlei Einzelheiten, so daß eben das, was äußerlich scheinbar nur an einer bestimmten Stelle und unabhängig geschieht, zugleich den ganzen Organismus und damit alle anderen Organe mit betrifft.

So ist auch im Gesamtkosmos eine innere Rhythmik, ein innerer Lebenspuls da, und wenn irgendwo etwas entsteht oder sich ändert, so macht sich dies auf irgendeine, und sei es noch so unmerkliche Weise sofort oder in seinen Folgen überall fühlbar. Darum ist das etwaige einstige Entstehen des Lebens zugleich auch die Geburtsstunde des Entstehens bestimmter Zustände der anorganischen Materie gewesen, und wenn wir es uns nicht vorstellen können, so zwingt es uns doch zu dem Schluß, daß vordem, ehe die Trennung eingetreten war, eben ein ganz anderer Daseinszustand im Weltall herrschte. Darum scheint es mir auch eine nicht mehr haltbare, vergangener Denkepoche angehörende Vorstellung zu sein, wenn man etwa meint, es sei ursprünglich die Erde ein glühender, aber anorganischer Stern gewesen, und erst allmählich habe sich das, was wir Leben nennen, irgendwie darauf oder aus dem toten Stoff gebildet. „Leben" durchflutet den ganzen Kosmos. Und wenn wir von totem Stoff sprechen — nun gewiß: er ist nicht organisiert wie ein Lebewesen; aber er hat inneres, verhaltenes Leben in einem ganz ursprünglichen Sinn, weil die Welt, die Substanz, der Kosmos überall lebendige Schöpfung ist.

So muß auch im ältesten frühesten Zustand des Weltalls und der Erde, in den wir keinen unmittelbaren Einblick haben, notwendig und immerfort irgendwie Organismisches hervorgetreten sein, wenn irgendwo der Zustand eintrat, den wir vergleichsweise unorganisch nennen. Es muß stets — wenn man so sagen darf — ein brüderlich-schwesterliches gemeinsames Hervorkommen von Weltkörper und Leben dagewesen sein. Und wenn es wirklich stoffhafte andere Weltkörper gibt, so muß in irgendeiner Weise auch in ihnen das Leben mit beschlossen sein — mögen auch die Formen und Arten dieses Lebens ganz, ganz andere sein, als sie es etwa auf unserem Erdenstern sind. Dies allein heißt, mit dem vielgebrauchten und -mißbrauchten Wort von der Einheit der Natur wirklich Ernst machen. Wir müssen auf einen verhüllten Innen- oder Urzustand schließen — das Wort „Urzustand" keineswegs nur im Vergangenheitssinn genommen, sondern als etwas durchaus Wirkliches und stets in allem Daseiendes, worin das jederzeit äußerlich Getrennte dennoch innere lebendige Einheit ist.

Wenn wir erkennen, daß einerseits Anorganisches, andererseits Organismisches gleichzeitig und zweiseitig Manifestierung eines inneren Daseinszustandes ist und daß beide sinnenhaft wahrnehmbare Naturzustände, Organismisches und Anorganisches, von innen her miteinander verbunden sind, so ist damit auch eine ganz andere als die äußerlich kausale Brücke zwischen ihnen geschlagen, und es wird nun verständlich, wieso das Leben vom ersten Tag seines Bestehens, von irgendeiner Urzeit ab bis heute so wunderbar auf seine unorganische Umwelt eingestellt ist, diese Umwelt aber zugleich auch auf das Leben; und weshalb sie sich durch die erdgeschichtlichen Epochen so gleichsinnig miteinander verändern und immer wieder neu gestalten konnten. Denn sie sind beide von innen her Äußerungen ein und desselben Ganzen, dem nun freilich mit mechanistischer Kausalität im Sinne der materialistischen Urzeugungslehre nicht beizukommen ist.

Man hat natürlich von jeher erkannt, daß man mit einer mechanistischen Lehre von der Entstehung des Lebens auf der Erde nicht durchkommen würde; und man hat auch eingesehen, daß ein organismisches Geschehen nicht auf eine mechanisch-chemische Formel gebracht werden kann. Da man aber die wahrhaft metaphysische Wirklichkeitsseite nicht zu erfassen und zu formulieren vermochte, so glaubte man, mit der vitalistischen Lehre der Lösung näherzukommen. Der Vitalismus erkennt an, daß auch bei organismischen Vorgängen chemische

182

und mechanische Wirkungen mit im Spiele sind; aber diese sollten von einer höheren Potenz, von einer dominanten Kraft, der Lebenskraft oder Entelechie, beherrscht werden. Doch im Grunde ist dies verkappter Materialismus, aber keine vertiefte Anschauung. Es ist mit dem vitalistischen Prinzip keine Überwindung des mechanistischen Denkens gegeben, weil ja auch die vermeintlichen Dominantkräfte irgendwie naturhaft physisch auf die zu gestaltende Materie einwirken müssen. Da ist der konsequente reine Materialismus vorzuziehen. Überwunden aber wird jede dieser unzureichenden Erklärungen eben nur durch die Anerkenntnis der Vorstellung, daß von innen her beide Naturelemente, das Organismische und das Anorganische, eine innere lebendige Einheit sind.

Innere Einheit aber kann sinngemäß nichts anderes bedeuten als zugleich und wesensmäßig: innere Lebendigkeit. Ein Kosmos, der nicht innere Lebendigkeit hätte, wäre kein Kosmos, sondern ein Chaos; oder wäre ein mechanisches Getriebe, das aber, da es doch eben den Charakter eines Kosmos hat, von einem Übergeordneten gebildet worden, das ihm immer und ununterbrochen innewohnt. Die Allbeseelung ist hierfür der rechte Ausdruck. So ist also der Kosmos wirklich Schöpfung, weil er innere, sinnvoll-lebendige Einheit ist. Stehen sich nun in diesem Kosmos, in dieser Natur, soweit überhaupt menschliche Erfahrung und Forschung reicht, das Organismische und das Unorganische immer als äußere Zweiheit gegenüber, so müssen sie doch irgendwie von innen her lebendige Einheit sein.

Es ist das „Gesetz der inneren Entsprechungen", mit dem wir es hier, wie überhaupt in der Geschichte der Erde und des Lebens und damit auch in der Geschichte des Weltalls, soweit wir an diese schon rühren können, zu tun haben.

Man würde aber wiederum einen erkenntnistheoretischen Fehler begehen, wollte man nun diesen Begriff des Urlebendigen, das in allem lebt und webt, mit dem Organismisch-Lebendigen gleichsetzen, und wollte man andererseits nun auch den toten Stoff nach Art eines Organismus belebt nennen. Allerdings hat es eine naturphilosophische Lehre gegeben, die meinte, auch der tote Stoff sei nur deshalb und scheinbar für uns unorganisch, weil wir immer nur einen ganz kleinen Ausschnitt der Welt sehen und begreifen können. Wir erfaßten den Gesamtorganismus der Natur nicht, und darum erscheinen uns die Veränderungen der Materie tot und mechanisch. Das, was uns aber als wirkliches Lebewesen erscheine, sei nur ein besonders losgelöstes und mehr selbständig gewordenes Teil des kosmischen Gesamtorganischen; und eben deshalb scheine es für sich lebendig zu sein. Aber das ist ein grundsätzlicher Irrtum. Denn es ist ja nicht so, daß das Organismische nur ein deutlicherer Grad des Unorganischen wäre, sondern beide sind für unsere klare Erfahrung etwas in dieser Welt durchaus Verschiedenes. Da hat es nun keinen Sinn, gegen dieses unser klares Wissen und Gefühl zu sagen: beide sind Lebewesen; das ist ebenso verkehrt, wie zu sagen: das Organismische ist nur ein Zusammentreten und Zusammenwirken anorganischer Materien; sondern erkenntnismäßig möglich ist allein die Erwägung, daß beide Daseinserscheinungen in einer höheren Einheit beschlossen liegen und nur nach außen verschieden, da aber auch durchaus verschieden sind.

Klar und einfach hat dies Schopenhauer erkannt, als er gegen die Idee, das Weltall sei selbst ein organismisches Gebilde, Stellung nahm. Auch heute kann der Naturforscher für seine methodische Stellungnahme viel, sehr viel von einem Philosophen wie Schopenhauer lernen. Die Grenze zwischen dem organismischen und unorganischen Stoff, sagt er, sei in der Tat die am schärfsten in der ganzen Natur gezogene Grenze, und vielleicht die einzige, die sich nicht überbrücken lasse; so daß das Wort: „Die Natur kennt keinen Sprung" hier wirklich seine Ausnahme zu erleiden scheine. Möge auch manche Kristallbildung eine der pflanzlichen Bildung ähnliche Gestalt aufweisen — er könnte heute auch noch von den beweglichen Kristallsamen sprechen — so bestehe doch zwischen dem geringsten

184

und niederſten Grad jeglichen organiſmiſchen Lebens und dem
höchſten des Anorganiſchen ein grundſätzlicher Unterſchied.
Im Unorganiſchen iſt das Weſentliche der Stoff ſelbſt; das
Unweſentliche die Form, worin er ſich gibt; im Lebendig-
Organiſchen iſt es umgekehrt: denn gerade im beſtändigen
Wechſel des Stoffes und in der übergeordneten Beharrung
der Form beſtehe das Leben. Daher habe der unorganiſche
Körper ſeinen Beſtand durch Ruhe und Abgeſchloſſenheit von
allem Äußeren; der lebendig-organiſmiſche Körper hingegen
kann nur beſtehen durch fortwährende Bewegung in ſich ſelbſt
und ſtetes Empfangen äußerer Einflüſſe und ſtetes Antworten
darauf. Jeder Organismus aber iſt durch und durch, iſt in
allen Teilen Organismus, und iſt nie und nirgends, ſelbſt in
den kleinſten Teilen nicht, unorganiſch oder ſozuſagen aus
Unorganiſchem zuſammengeſetzt. Man dürfte daher nicht
ſagen, die Erde ſelbſt ſei ein Organismus; denn wäre ſie es,
ſo müßten alle Berge und Felſen und das ganze Innere ihrer
Maſſen organiſmiſch ſein, und es würde dann überhaupt nichts
Unorganiſches exiſtieren. Das aber widerſpricht unſerer ein-
deutigen Erfahrung.

Es liegt im Weſen des menſchlichen Denkens, nie an einen
erſten Anfang der Dinge zu gelangen, zu einer letzten Urſache,
wo alles Fragen aufhören würde und der denkende Geiſt be-
friedigt wäre mit einer letzten Antwort. Immer wieder erſcheint uns alles, auch das ſcheinbar Letzte und Erſte ſo, daß
wir fragen müſſen, wie es ſelbſt denn geworden ſei. Nirgends,
wo wir hinblicken, können wir uns vorſtellen, daß das, was wir
ſehen, ein Allerurſprünglichſtes ſei. Wir ſetzen voraus, daß
jede Erſcheinung, jedes Ding, jedes Geſchehen ſtets das Ergebnis von vorausgegangenen Zuſtänden und Veränderungen
ſei. „Wo immer wir mit der Geſchichte (auch der Naturgeſchichte)
in Berührung treten“, ſagt ein tiefer Denker, der weit in das
Herz der Vergangenheit eingedrungen iſt, „ſind die Zuſtände
derart, daß ſie frühere Stufen des Daſeins vorausſetzen;
nirgends Anfang, überall Fortſetzung, nirgends nur Urſache,

immer zugleich schon Folge." Freilich, nur der Narr wird bloß neugierig fragen und mehr, als zehn Weise beantworten können. So ist Begrenzung unseres Fragens nötig, da wir wissen, daß es in der Natur nie ein Letztes gibt, daß immer wieder ein Vorausgehendes denkbar ist und daß der Ablauf der Erscheinungen sowohl zurück in die Vergangenheit wie hinaus in die Zukunft endlos ist. Zu einem Letzten, Höchsten führt uns nicht die Naturforschung, sondern die Religion.

Was sollte es uns also für unsere Naturerkenntnis nützen, wenn wir mit den materialistischen Naturphilosophen einen „Urschleim" oder eine „Urzelle" an einen gedachten Stammbaumanfang setzen, wo sowohl die Urform ihrer inneren Potenz nach wie der Stammbaum selbst in einem tieferen Sinn eine metaphysische, nicht eine äußerlich physische Wirklichkeit ist. So wollen wir uns an den unendlichen Reichtum des uns greifbar in den Erdschichten vorliegenden Lebens selber halten. Dieses wird uns genug des Wissenswerten bieten, aber auch noch genug Rätsel übrig lassen, an denen sich unser Geist üben und die Fülle der Schöpfung bewundern kann.

11. Erde und Kosmos.

Evolution und Revolution.

Die großen umfassenden Veränderungen, die auf unserer Erde in der jahrmillionenlangen Folge der Zeitepochen vor sich gegangen sind und deren Lauf gewiß noch nicht abgeschlossen ist, läßt uns die Frage tun, welche äußeren Kräfte, welche Ursachen nun solche Umwandlungen hervorriefen. Welche Gewalt war es, durch die sich Kontinente senkten und wieder hoben, durch die sich Meere ausbreiteten, wo vorher Land lag, und sich zurückzogen, wo sie vorher standen? Was hat Veranlassung gegeben, daß sich Faltengebirge aufwölbten, Alpen sich auftürmten, Vulkanmassen ausbrachen? Was war die Ursache des beständigen Klimawechsels während der erdgeschichtlichen Epochen, wo es bald bis an die Pole hinauf gleichmäßig mild war, bald zu anderen Zeiten Eisdecken ganze Länder überzogen und Gletschermassen sich aus den Hochgebirgen weit in das Vorland hinauswälzten? Auf alle diese Fragen möchte man doch gerne Antwort haben, denn eben das, was aller wechselnden Mannigfaltigkeit der Erscheinungen in Wahrheit zugrunde liegt — das zu wissen, das zu erforschen ist es ja, was den denkenden Geist befriedigen soll.

Gerade bei diesen großen Fragen geht unsere Wissenschaft noch sehr im Dunkel. Kann es sich doch wahrlich nicht darum handeln, irgendwelche geistreichen Hypothesen aufzustellen und Vermutungen zu scheinbaren Gewißheiten umzuwerten; sondern nüchtern und sachlich müssen wir uns fragen, welche

Tatsachen vorliegen für diese oder jene Annahme und was für Schlüsse schon bekannte Tatsachen zu ziehen erlauben.

Zunächst zeigen uns ganz einfache alltägliche, aber selten genügend gewürdigte Erscheinungen auf der Erdoberfläche die Wirksamkeit umgestaltender Kräfte, die sich, wenn auch nur im kleinen, doch durch ihre Stetigkeit und die lange Zeitdauer ihres Schaffens zu ungeahnten Wirkungen steigern können. Jeder Regenguß schwemmt an geneigten Bodenflächen, gar an Bergen und im Hochgebirge Gesteinsmaterial herunter. Der Frost, die Verwitterung, in den Wüsten die Sprengwirkung der rasch wechselnden Hitze und Abkühlung zerstören immerfort das Felsgerüst der Erde. Im Lauf der Zeiträume werden solcherart Täler ausgefurcht, Berge und ganze Gebirge abgetragen. Das Abtragungsmaterial wird in die Senken des Landes, schließlich durch die Flüsse, teilweise auch die Winde immer weiter verfrachtet, bis es zuletzt, wenn auch nach vielen Jahrtausenden, auf dem Meeresboden abgelagert wird. So entstehen in geologischen Zeiten überall sowohl Abtragungsgebiete wie Aufschüttungsgebiete, es entstehen und sind von jeher entstanden die Gesteinsschichtungen oder Formationen, welche die eigentlichen Dokumentenblätter im Buch der Erdgeschichte sind.

Man hat nun Grund zu der Annahme, daß das Erdinnere unter der festen Erdkruste, die selbst etwa 120 km dick ist, sich in einem mehr oder minder glühend-flüssigen Gesteinszustand befindet. Diese Magmamassen der tieferen Erdaußenzone bewegen sich; sie haben träge Strömungen in sich. Teils sind diese Strömungen hervorgerufen durch den Einfluß der Mondanziehung, die Achsenschwankungen und die Bahnexzentrizität der Erde und äußern sich durch die mannigfachen Entladungen nach außen, die wir Vulkanismus nennen; teils aber gehen unter dem ungeheuren Belastungsdruck auch chemische Umsetzungen in diesem Gesteinsbrei vor sich, wobei sich die Dichte und die räumliche Ausdehnung ändert, besonders, wenn die Massen erstarren. Die Wirkung solcher Bewegungen,

188

die teils ein wagrechtes Fließen, teils eine Aufwölbung oder Absenkung innerhalb größerer Gebiete mit sich bringen, geht nun unmittelbar auf die dünne, bei ihrer großen Ausdehnung zugleich etwas elastische Erdkruste. Je nach dem Maß der Beanspruchung, denen sie nun damit ausgesetzt ist, senkt sie sich oder hebt sie sich; sie legt sich in Falten oder es entstehen Brüche, an denen sich die Bruchschollen ungleichmäßig verschieben.

Da nun das Gerüst der Erdrinde, wie wir es unmittelbar sehen, nicht nur jetzt, sondern zu allen erdgeschichtlichen Zeiten solchen Bewegungen, Zerreißungen und Faltungen ausgesetzt war und die Formationen eben dadurch teilweise durcheinandergeworfen sind, so darf man wohl sagen, daß die soeben entwickelte Hypothese von der umgestaltenden Kraft der tieferen Magmazone unterhalb der festen Kruste sehr viel Wahrscheinlichkeit für sich hat. Es würde uns solcherart auch erklärlich, weshalb sich immerfort Meere verlegten, Länder auftauchten und versanken, Gebirge sich falteten, Vulkane ausbrachen. Dabei brauchen diese Bewegungen der Tiefenzone und der Erdrinde keineswegs als besondere Revolutionen im Dasein des Erdkörpers angesprochen zu werden. Denn abgesehen davon, daß die Erdkruste selbst und die sie unmittelbar beeinflussende Tiefenzone nur sozusagen ein dünner Mantel um den aus schwerem Nickeleisen bestehenden Erdkern sind, muß man auch bedenken, daß selbst eine Hebung von den Dimensionen eines Alpengebirges oder des Himalaja im Vergleich zum Gesamtumfang des Erdkörpers einen kaum merklichen Ausschlag bedeutet; denn auf einer Modellerdkugel von 13 Meter Durchmesser würde ein Alpengebirge nur wie ein Stück aufgelegten dünnen Pappendeckels wirken, die Tiefe eines Ozeans dagegen nur wie eine Blatternarbe auf einem Gesicht sich ausnehmen. Zugleich ist zu beachten, daß zu solchen Umwandlungen auch ungeheure Zeiträume zur Verfügung stehen, so daß sich alle Umwandlungen der Erdaußenseite durch die geschilderten Tiefenkräfte nicht anders

189

als wie ein langfristiges ruhiges Atmen des Erdkörpers ausnehmen.

Diese, man möchte sagen „beruhigte" Auffassung des
jahrmillionenlangen erdgeschichtlichen Geschehens genügt nicht
zur völligen Aufhellung desselben. Es genügt dazu auch nicht
die Vorstellung, daß die Erde sich allmählich abkühle und die
Kruste wie eine Apfelhaut schrumpfe. Alles nur in einem beruhigten Gleichmaß sehen — das ist das typische Abbild des
bürgerlich-behaglichen Denkens des ausgehenden 18. und des
19. Jahrhunderts. So wie man in dieser Geschichtsepoche
immerfort von einem stetigen Fortschritt und Aufstieg des
Menschenlebens sprach, so glaubte man, auch die Natur verfahre
in dieser behaglichen Weise.

Von diesem „aktualistischen" Denken sprachen wir schon
im Eingang. Es ist von dem deutschen Forscher v. Hoff
und von dem mit ihm fast gleichzeitig wirkenden Engländer
Lyell zur Grundlage der Geologie des 19. Jahrhunderts erhoben worden und gilt grundsätzlich heute noch. Diese Lehre
stand entgegen der älteren Katastrophentheorie, die am Ende
des 18. Jahrhunderts herrschte und mit der die Geologie begründet würde, vornehmlich an den Namen Cuviers geknüpft,
weil ehedem die Überzeugung herrschte, die erd- und lebensgeschichtlichen Umwälzungen nur durch besondere, im augenblicklichen Weltbild nicht erkennbare Einwirkungen aus dem
Erdinneren oder dem Kosmos erklären zu können, wobei jedoch nicht geleugnet wurde, daß nach solchen Revolutions-
zeiten auch lange Epochen ruhiger Evolution herrschten, bis
sie wieder von Umwälzungen abgelöst wurden. So wie man
lange Zeit wähnte, nun sei die Menschheit so weit, daß es
keine Kriege und Umwälzungen mehr geben müsse und alles
sich unheroisch und unkatastrophal weiterbilden ließe, ebenso
faßte man in der Biologie die Entwicklung des Lebens und in
der Geologie die Umgestaltung der Erde durch die vorweltlichen Zeiten hindurch auf. Aber wie uns unterdessen das
Völkerleben wieder mit erschreckender Deutlichkeit zeigte, daß

190

die Spannen vermeintlicher oder wirklich ruhiger Entwicklung und Umbildung immer wieder abgelöst werden von großen
Aufbrüchen der Geschichte, ebenso müssen wir mehr und mehr
einsehen, daß auch die Erdgeschichte keineswegs so fügsam und
schmiegsam verlief, wie es die Theorie von den allmählich sich
umsetzenden Kräften des Erdinnern uns lange Zeit glauben
ließ. Nicht als ob solche allmählichen Umsetzungen nicht da-
wären; sie wirken sich immerzu aus. Aber daneben oder darüber, ja sie teilweise mit einschließend und dann von Zeit zu
Zeit wieder überwältigend, traten von je und je auch in den
vorweltlichen Zeitaltern stärkere Umwälzungen, Katastrophen
ein, die alle zeitweise ruhige Umbildung überrannten und von
Grund aus neue Gegebenheiten schufen.

Nun sind gerade die mit dem aktualistischen Forschungs-
prinzip errungenen Erkenntnisse so geartet, daß sie uns Probleme stellen, die sich eben mit diesem Prinzip nicht lösen
lassen. Weder die epochalen großen Faltengebirgsbildungen
mit ihren periodischen Höhepunkten und den dazwischen-
liegenden untergeordneteren Bewegungen, noch das Verschwinden und Auftauchen der Kontinente und die Art ihres
ehemaligen Zusammenhanges, noch die Frage nach der Entstehung der Tiefsee und der Ansammlung des Wassers in den
Ozeanbecken, noch der wiederkehrende Wechsel von Eis- und
Wärmezeiten, noch die Polverlagerungen, noch die oft tausend
Meter mächtigen, fein rhythmischen Schichtablagerungen mancher Epochen sind uns irgendwie nach dem aktualistischen Erklärungsprinzip zureichend verständlich geworden; ebensowenig
wie die großen typenmäßigen Umprägungen im Lebensreich,
denen man mit einer der aktualistischen Erdtheorie entsprechenden mechanistischen Abstammungslehre beikommen wollte.
Überall versagte diese Betrachtungsweise, die sich nur auf die
Beobachtung des Augenblicklichen und die konstruktiv-quanti-
tative Häufung des so Beobachteten gründet.

Man darf nun nicht glauben, daß das Wort „Katastrophe"
gewissermaßen so zu verstehen wäre, daß durch bestimmte

Umwälzungen das Gefüge der Erde selbst erschüttert und in Frage gestellt worden wäre, so wenig wie etwa durch große Kriege die ganze Menschheit je zerstört wurde; vielmehr sollen mit dem Wort nur verhältnismäßig plötzliche, das Antlitz der Erdaußenseite rasch umgestaltende Vorgänge gemeint sein, wobei dann allerdings einzelne Gebiete, Länder und Meere, so betroffen wurden, daß sie alsbald von Grund aus verändert waren. Was für einen Menschen, wenn er es miterlebt hätte, eine unübersehbare Katastrophe dieser Art gewesen wäre oder was für ganze Tier- und Pflanzenwelten in ausgedehnten Kontinenten und Meeren allenfalls vernichtend war, ist es nicht für den Erdkörper selbst gewesen. Aber die Erdoberfläche wird und wurde von solchen Katastrophen heimgesucht.

Frühere Erdtrabanten.

Es ist nun eine weitere Tatsache, daß der Erdball nicht ein isoliertes Pünktchen im Weltall, zunächst im Planetensystem ist, sondern mit seinen Nachbarsternen in engerer Beziehung bei gegenseitiger Einwirkung steht. Vom Mond, als dem uns zunächststehenden Gestirn, wissen wir und können es täglich wieder sehen, daß er auf den Erdball und seine Bewegung als Kugel, wie auch auf Meer und Land einwirkt. Bestimmte periodische Schwankungen der Erdachse und damit eben des ganzen Erdkörpers sind Wirkungen der Anziehung des Mondes; die sechsstündig auf- und niedergehende Ebbe und Flut des Weltmeeres ist eine unmittelbare Äußerung der Mondanziehung. Vom Mondkörper aber können wir in bezug auf seine Herkunft zweierlei aussagen: entweder ist er ein abgeschleudertes und in sich dann zusammengeballtes Teil der Erde, als ihre Außenseite selbst noch eine feuerflüssige Masse war; oder er ist ein von der Erde zu irgendwelcher Zeit eingefangener kleinerer Planet. Nimmt man das erstere an, so läßt sich mit mathematischen Hilfsmitteln darlegen, daß er sich auf einer Spiralbahn von dem Erdkörper auch heute noch entfernt, daß er also ehemals

192

in viel engerer Bahn um die Erde herumgelaufen sein muß, mithin die Ebbe- und Flutwirkung damals auf dem Erdball ungeheuer war; auch die glühendflüssige Zone unter der Erdkruste muß damals, als der Mond noch näher umlief, stets eine starke Ebbe- und Flutbewegung gehabt haben, der Erdboden muß also täglich — der Tag hatte damals eine andere Länge — wallend auf- und niedergegangen und die atmosphärischen Wirkungen auf die Erdoberfläche ungeheuer gewesen sein. Gilt aber das zweite, ist der Mond ein eingefangener Planetenkörper oder vielleicht das Bruchstück eines solchen, dann muß zur Zeit des Einfangs die gegenseitige Beziehung ein verwickeltes System von Bewegungen der Annäherung und Wiederwegtreibung gewesen sein, und dann erlebte die Erdrinde Katastrophen von derzeit unausdenkbarem Ausmaß.

Es spricht nun abermals manches dafür, daß eben das letztere wahrscheinlich ist: daß der Mondkörper einstmals zwangsweise zum Trabanten der Erde geworden ist. Viele unserer Nachbarplaneten haben gleichfalls Monde, nicht nur einen, sondern mehrere. Diese Monde haben fast ausnahmslos Umlaufszeiten und Umlaufsbahnen um ihre Planeten, die unmittelbar zeigen, daß sie unmöglich einmal von ihnen abgeschleudert wurden, sondern Fremdkörper sind, die erst spät an diese ihre Herren gekettet wurden. Ein solcher Mondeinfang aber führt notwendig dazu, daß der Mondkörper, wenn er sehr klein ist, endlich in den Planeten stürzt; wenn er groß ist, wie unser Mond, nach und nach durch die Anziehungskraft ausgezogen, endlich in eine Spiralmasse verwandelt wird, die nun immer enger und enger den Planetenherrn umkreist, bis sie sich sozusagen in ihn hineindreht. Dann kommen sintfluthafte Wasserregen vom Himmel, wenn ein solcher Mond eine Wasserhülle hatte; es kommen schließlich Steinhagel und Gesteinsstaub, zuletzt, wenn der Mond einen Metallkern hatte, auch Metallmassen wie feurige Meteore nieder. Wer dächte bei solcher Schilderung nicht an die prophetischen Bilder in der

Offenbarung des Johannes? Steht unserem Mond, unserer Erde einmal dieses Schicksal bevor?

Wir haben es hier nicht mit Prophezeiungen zu tun, sondern haben zu fragen, ob uns die Tatsachen der Erdgeschichte vielleicht den Schluß nahelegen, daß auch der Erdkörper schon in früheren geologischen Zeiten von solchen Mondeinfängen betroffen und vom Niedergehen kosmischer Massen beunruhigt worden ist?

Es läßt sich nun mancherlei anführen, was die Bejahung dieser großen Frage, wenigstens grundsätzlich, nahelegt, ohne daß man es derzeit wagen könnte, sich schon in bestimmteren Vorstellungen und Angaben zu ergehen. Aber auf einiges will ich hinweisen. Wir sahen, daß im Lauf der Erdgeschichte das Klima der Erde ausgreifenden Umwandlungen ausgesetzt war; daß in manchen, und zwar sehr langfristigen Epochen es überall mild und warm war; daß damals auch die jetzigen Polarzonen wie gemäßigte oder warme Länder belebt waren. Es ist nun auf Grund der heutigen Stellungen der Planeten zueinander und der Erde zur Sonne ganz undenkbar, daß die Polarzonen so viel Licht und Wärme erhalten könnten, daß in ihnen ein derartig günstiges Klima wieder einziehen würde. Nun hat man angenommen, vielleicht seien früher die Pole anders gelegen; die Länder hätten sich teilweise über der glutflüssigen Tiefenzone, in die sie, ähnlich wie Eisberge im Meerwasser, hineingetaucht stecken, fortbewegt und jetzige Polarländer hätten zu früherer Zeit deshalb im gemäßigten oder tropischen Gürtel des Erdballs gelegen. Wenn dem so wäre, müßten aber dafür andere Teile der Erdrinde damals in der Polarzone gelegen haben, denn wo sollten sie sonst Platz gefunden haben? Nun findet man aber in Zeiten wie dem Erdaltertum und Erdmittelalter mit seinen vielfach so gleichmäßig milden Klimabildungen nirgends auf den heutigen Ländern die Anzeichen, daß sie einmal polare Bedingungen im ausgesprochenen Sinn der Jetztzeit gehabt hätten; und die jetzigen polaren deuten auch die ehemalige Gunst der Umstände an. So gab es eben

194

in jenen Epochen keine Kältepole und unter halbjährigem Lichtmangel leidende Gegenden. Mit anderen Worten: es mußten Bestrahlungszustände herrschen, die von den heutigen durchaus verschieden waren.

Was kann man sich darunter denken? Nun eben nur dies, daß ehedem mindestens ein, vielleicht mehrere Monde vorhanden waren, die nicht so groß wie der heutige, sondern beträchtlich kleiner gewesen sind; daß diese Monde, alle oder einzeln, auch nicht in der Äquatorialebene umliefen wie der heutige Mond, sondern sich quer dazu bewegten, die Polarzonen querten, auch verschiedene Geschwindigkeiten hatten und nun dauernd so das Sonnenlicht zurückstrahlten, daß die nördliche und südliche Polarzone genügend Wärme und Licht empfingen, womit es zu einem großen Ausgleich des Klimas auf der ganzen Erde kam und eben jene Zustände eintraten, welche es Pflanzen und Tieren der gemäßigten und tropischen Zonen ermöglichten, unangefochten auch in den beiden Polarkreisen zu leben.

Daß nun diese Konstruktion von ganz andersartigen Monden und Mondumläufen nicht aus der Luft gegriffen ist, zeigt uns etwa unser Nachbarplanet Saturn. Er hat zehn Monde, die ganz verschieden umlaufen, einer davon ist rückläufig. Jupiter, um nur diesen noch zu nennen, hat unter seinen vielen Monden solche, die innerhalb zwei bis drei, andere die in zwölf Jahren umlaufen, sehr stark sich von ihm entfernen und wieder zurückkehren; auch von ihnen ist einer rückläufig. Was der doppelte Saturnring bedeutet, ist noch ganz ungewiß; vielleicht ist er ein aufgelöster Mond. Man könnte die Beispiele noch vermehren. Warum sollte Ähnliches nicht auch die Erde einst gehabt haben?

Auch diese Frage ist nicht aus der Luft gegriffen. Denn zwischen Mars und Jupiter liegt eine Planetenlücke. Darin hat man allmählich bis gegen tausend kleinere Körper, Planetensplitter entdeckt. Teilweise fügen sie sich in die alte Bahn noch ein, teilweise streifen sie exzentrisch hinaus (Abb. 43). Ihre Gesamtbahn ist stark gegen die Bahn der Erde um die Sonne geneigt. Man kann zweierlei für ihre Entstehung annehmen: entweder sind sie die Trümmer eines ehemaligen Vollplaneten; oder sie sind von Anfang an dagewesen, als sich die ganze Planetenmasse noch verteilt im derzeitigen Sonnensystem befand. Das letztere ist durchaus unwahrscheinlich; bleibt nur das erstere: die einstige Zertrümmerung. Diese kann durch eine Eigenexplo-

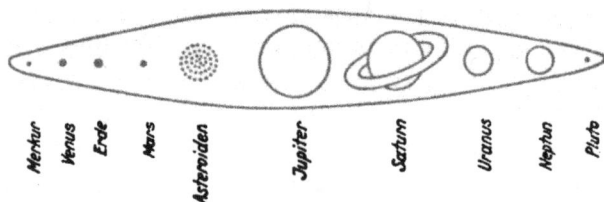

Abb. 43.

Spiegelbildlich symmetrische Anordnung der Planeten im Raum, an Stelle des ausgefallenen Vollsternes zwischen Mars und Jupiter einen der betreffenden Planetengröße entsprechenden Sternsplitterhaufen zeigend, der, im ganzen geschlossen, doch seine Emissäre über die Jupiterbahn hinaussendet. Die Entfernungsverhältnisse sind hier nicht wiedergegeben. (Aus Jeans 1934.)

sion geschehen sein; sie kann auch durch das Einfangen von Monden oder durch das Zusammentreffen mit einem Nachbarplaneten kleineren Maßes vor sich gegangen sein. Wir wollen es hier nicht entscheiden; auf jeden Fall sieht man, daß im Planetenraum selbst genug Körper sind, die nicht nur einzeln, sondern in größerer Zahl von Nachbarplaneten eingefangen und zu Monden gemacht werden können. Es liegt nahe, die Saturn- und Jupitermonde, letztere vor allem, als solche Einfänge aus der besagten Herde zu deuten, vielleicht auch unseren Mond als ein Trümmerstück zu nehmen und die vermuteten vorweltlichen Monde der Erde ebendaher abzuleiten.

So zeigen uns die derzeit im Planetensystem herrschenden Zustände, daß von einer Stabilität und abgeschlossenen Entwicklung keine Rede sein kann; daß vielmehr durchaus die Bedingungen gegeben sind, daß einzelne Planeten von Fremdkörpern heimgesucht und zu Katastrophen geführt werden

196

können; auch unſere Erde. Und ſo wird es auch in vorweltlichen Epochen geweſen ſein.

Noch etwas kommt hinzu. Hatte die Erde ehedem und zu verſchiedenen Zeiten verſchiedene Trabanten, wenige oder viele, ſo muß auch deren Einfang, ſowie deren ſpätere Auflöſung und Einverleibung zu gewaltigen geotektoniſchen Störungen und Umſetzungen der Erdrinde ſelbſt geführt haben. Die inneren Glutmaſſen wurden zu Flutbewegungen getrieben; auf der Erdaußenſeite machten ſich dieſe Flutbewegungen als Hebungen und Senkungen oder als Faltengebirgsbildungen geltend; ſchon während der Einfangs- und Umlaufszeiten mußte die Atmoſphäre in Bewegungen geraten und ſolcherweiſe die Klimabildung auf der ganzen Erde umgeſtaltet worden ſein. Der Kreislauf des Waſſers wirkte anders, vielleicht ſtärker und heftiger; oder durch die andere Beſtrahlungsart und die damit gegebene Verſtärkung des Sonnenlichtes mußten ausgedehnte Trockenzeiten mit Wüſtenbildungen eintreten, wie wir auch das in vielen Epochen der Erdgeſchichte wechſelnd finden, vornehmlich im Erdmittelalter und im Erdaltertum. Durch die mit den Trabanten gegebenen andersartigen Anziehungen mußten Vulkane ausbrechen oder an Stellen, wo ſie vorher ausgiebig tobten, erlöſchen — und vieles andere, wie die Aufhäufung von Formationen, das ſich die Phantaſie ausmalen kann, wofür wir aber in der Erdgeſchichte immerhin ſo viele verſchiedene und tatſächliche Andeutungen haben, daß wir wohl ſagen dürfen, es müſſe in früheren Epochen die Erde ganz anders mit dem Kosmos in Beziehung geſtanden haben als jetzt. Und das beruhigte Weltbild der Wiſſenſchaften des 19. Jahrhunderts verſchwindet.

Merkwürdig iſt und bleibt, daß nun auch alte Sagen der Menſchheit auf ſolche Dinge hindeuten, ſo etwa wenn von den Proſelenen die Rede iſt, das heißt von Völkern, die lebten, ehe der Mond am Himmel ſtand. Oder wenn wir hören, daß einſt im Norden grüne Länder lagen — eine Tatſache, die uns auch die Erdgeſchichtsforſchung, unabhängig von den Sagen, unmittelbar bestätigt. Es scheint, daß der Mensch, in welcher Form auch immer, doch wesentlich älter ist, als man meint; daß er frühere erdgeschichtliche Epochen miterlebt hat. Seine Sagen deuten darauf. Und wenn uns in ihnen berichtet wird, daß auch andere Sterne sich um die Erde dermaleinst bewegten, daß auch Katastrophen stattfanden, wie die vom Phaëton mit seinem Sonnenwagen, oder von jenem dunkeln Körper, der das Sonnenlicht verschlingen wollte, so bringen hier aus dem unaufgehellten Dunkel einer fernen Urzeit Töne an unser Ohr, denen auch die neuzeitliche Erdgeschichtsforschung mit ihrem beruhigten, aber innerlich falschen Weltbild allen Grund hätte, Gehör zu schenken.

12. Abstammung und Alter des Menschengeschlechts.

Die natürliche Verwandtschaft.

Wir wissen nicht, wo der Anfang unseres Geschlechts liegt. Die Weltgeschichte weiß ohnehin nichts vom Ursprung des Menschengeschlechts; denn was bedeuten die paar Jahrtausende, die man da allenfalls dürftig überblickt; es kommen ganz andere Zeiträume in Betracht. Die Prähistorie, im Verein mit der geologischen Eiszeitforschung, redet da schon von ganz anderen Epochen. Wissen wir doch, daß die vorausgehende Eiszeit, in der es zweifellos schon Menschen gab, wenn auch von anderer Gestalt, gut ihre viermalhunderttausend Jahre umfaßte. Dann aber kommen wir zurück in die Tertiärzeit, wo es auf der Erde überall mild war und wo ein ungeheuer üppiges Tier- und Pflanzenleben auch in unserer rauhen Zone, ja bis in die Polargebiete hinein bestanden hat. Lebte damals schon der Mensch? Ich will es glauben. Zwar ist das von der Schulwissenschaft noch nicht recht gemünzt, denn diese scheint noch allzusehr festgefahren in die üblichen Vorstellungen der Abstammungslehre, wonach der Mensch als ein später Zweig am allgemeinen Stammbaum des Lebens sich erst mit der Eiszeit oder kurz zuvor aus affenartigen Ahnen entwickelt haben soll; es gibt aber einen durchaus auch naturwissenschaftlich begründbaren Weg, auf dem man zu einer ganz entgegengesetzten Anschauung gelangen kann. Danach ist der Mensch ein Grundstamm der organischen Natur und hat sich nicht etwa im Urzustand aus affenartigen Säugetierwesen abgespalten,

199

um danach erst aus dem Vierfüßertum heraus „Mensch" zu werden; sondern er selbst, seine eigene Urform, war von jeher durchaus menschenartig. Dabei erscheint es gar nicht ausgeschlossen, daß er in früheren Erdzeitaltern allerhand Verwandlungen seiner Gestalt durchlaufen hat. Jedenfalls ist er selbst gegenüber den ihm körperlich so nahestehenden heutigen und vorweltlichen Menschenaffen sehr einfach gebaut, während diese selbst so einseitig tierisch spezialisiert erscheinen, daß man sie zwar vom Menschen, nicht aber umgekehrt den Menschen von ihnen würde stammesgeschichtlich herleiten dürfen, wenn man überhaupt sich zu einer derartigen Entwicklungslehre bekennen wollte.

Es ist ein großes Problem, das wir da anschneiden, wohl das umstrittenste der ganzen biologischen Entwicklungslehre. Es sei kurz auf einiges hingewiesen, das der Frage eine gewisse Beleuchtung gibt.

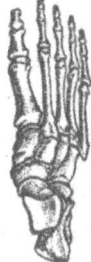

Überlegen wir, was wesenhaft an der menschlichen Gestalt ist, so vor allem sein Nichtvierfüßertum. Die Extremitäten des Menschen sind nach ihrer Grundanlage vier Hände, nicht vier Füße; denn auch der Fuß ist seiner Uranlage nach eine Hand und nur sekundär verändert (Abb. 44). Die Hand aber ist gerade das Eigentlich-Menschenhafte; und das Wesenhafte des Vierfüßers ist eben dies, daß seine vier Extremitäten die Grundlage zu Füßen haben, nicht zu Händen. Hier ist das

Abb. 44.
Menschenhand und -fuß im Skelett. Der Fuß ist seiner Anlage nach eine modifizierte Hand. (Aus Romer 1933.) Stark verkleinert.

metaphysische Urbild der Grundorganisation, das Innerlich-Ganze festzuhalten. Und wenn es nun in der äußeren physischen Wirklichkeit Abwandlungen der Hand gibt, die sich praktisch zu einem Fuß eignen, umgekehrt es aber auch tierische

200

Abwandlungen des Fußes gibt, die handähnlich sind, so sind das keine stammesgeschichtlichen Übergangsformen, nach denen sich der Mensch aus dem Tier, d. h. dem Vierfüßer, ableiten ließe; sondern es sind formale Annäherungen infolge biologischer Anpassung. Darum sind Mensch und Vierfüßer von Grund aus und von Anfang an zwei grundsätzlich verschiedene Urbilder der schaffenden Natur.

Man darf sich bei dem Hinblick auf das Urbildmäßige, auf das Potentielle einer Gestalt nicht ablenken lassen durch äußere Vergleiche. In der physischen Natur nehmen die einzelnen Wesenheiten immerfort an den Körperkonstitionen der anderen teil. Die organischen Wesen haben im Skelett etwa kohlensauren Kalk oder Kieselsäure, sie haben in ihren Säften Kohlenstoff und Wasserstoff — aber sie sind nicht kohlensaurer Kalk und nicht Wasserstoff, sondern eben formpotente Manifestationen der inneren Natur. So ist es auch kein Argument gegen die Natur des Menschen und seine Herkunft, wenn er physisch die Säugetiermerkmale trägt; er ist um dessentwillen kein „Säugetier" im morphologisch-urbildhaften Sinn.

Nach seiner Gesamtform erscheinen auch die allgemeinen anatomischen Eigenschaften des Menschen erdgeschichtlich uralt. So seine volle Fünffingerigkeit, von der wir im Abschnitt 4 schon hörten, daß sie die Ausgangsform für alle abspezialisierten und reduzierten Hände bzw. Füße sei; die Art, wie die Zähne im Menschenkiefer aufrecht stehen, die Vollständigkeit seines Gebisses sind sehr eigenartige und zugleich altertümliche Eigenschaften. Die Menschenaffen sind viel einseitiger vorgeschritten als der Mensch selbst; so im Fuß und in der Hand, wie in der Augenstellung. Die Schädelform des Vollmenschen ist einfach und primitiv gegenüber den verschiedenen eiszeitlichen und spätzeitlichen Menschenschädeln, die alle etwas Tierischeres haben und daher stets für ahnenmäßige Stadien des Jetztmenschen angesprochen wurden (Abb. 45). Man war eben völlig in der formalistischen Abstammungsidee befangen, wonach der Mensch ein letzter Seitenzweig des Gesamtstammbaumes der Tierwelt sein sollte. Die embryonale Entwicklungsgeschichte des Menschen und seiner nächsten tierischen Verwandten zeigt ein gemeinsames Grundstadium, von dem aus sie ihre Form entfalten. Aber der Mensch bleibt auf dem primitiven Stand stehen, die Menschenaffen spezialisieren sich darüber hinaus. Wir hörten aber im Abschnitt 3, daß die

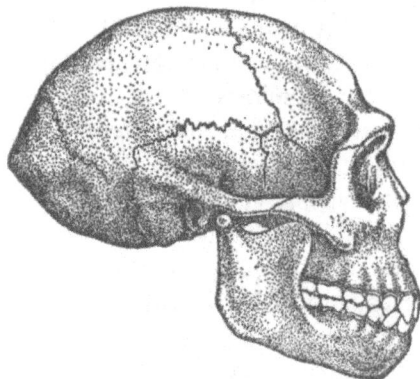

Abb. 45.
Rekonstruierter Primitivschädel des frühelszeitlichen Pekingmenschen. Starke Augenwülste und niederer Schädel, geringes Kinn bedeuten u. a. primitive, teilweise überspezialisierte Eigenschaften. (Nach Weinert aus Romer 1933.) Stark verkleinert.

zunehmende Spezialisierung jeweils das erdgeschichtlich Spätere, nicht das Frühere ist und daß alles vom Primitiven eines Typus zum Spezialisierten fortschreitet. Somit muß rein nach der embryonalen Entwicklung und der fortgeschrittenen Spezialisierung der Menschenaffen der Vollmensch das Ursprünglichere sein; er kann also nicht von jenen abstammen.

Lange Zeit hat sich die Naturforschung gegen diese Folgerung gewehrt; sie hat nicht anerkennen wollen, daß die Menschenaffen und die ihnen noch ähnlicheren eiszeitlichen Vormenschen nur wegspezialisierte Sackgassen des Menschenstammes sind, nicht aber, wie man immer meinte, seine Urväter. Nach und nach aber scheint sich die Meinung zu ändern, und neuestens trat ein erster deutscher Anthropologe, Mollison, nach einer Würdi-

202

gung der vielen vermeintlichen Urmenschenfunde dafür ein, daß wenigstens Europa schon vor dem so tierisch aussehenden Neandertalmenschen einen Eiszeitmenschen (Steinheim) hatte, der dem jetzigen Vollmenschen näher stand. Der heutige Mensch, sagt er, reicht in viel ältere Zeiten zurück, als wir noch vor kurzem angenommen hatten.

Das alte Schlagwort der demagogischen Deszendenztheoretiker, der Mensch stamme vom Affen ab, hat schon deshalb

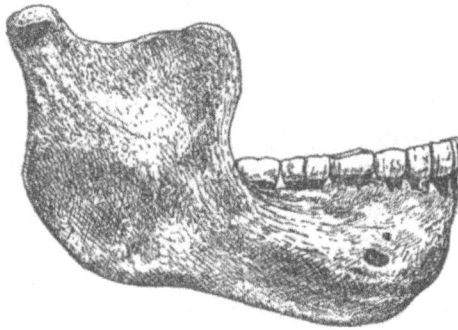

Abb. 46.
Ältester Menschenrest, der Kiefer von Heidelberg aus der Eiszeit, mit starkem Knochenbau, jedoch vollständig reinem Menschengebiß ohne Andeutung eines stärkeren affenartigen Eckzahnes. (Aus Wiegers-Weinert 1928.) Verkleinert.

keinen wissenschaftlichen Sinn, weil nicht nur die Menschenaffen selbst einseitiger spezialisiert sind als der Mensch, mithin nicht seine Ahnen sein können, sondern weil auch die charakteristischen Züge der eigentlichen Affen vom Menschen noch mehr abweichen. Vor allem müßte, da das Gebiß ein Hauptcharakteristikum für natürliche Verwandtschaft bei den Säugetieren ist, der älteste, früheste Mensch noch einen besonders starken Eckzahn gehabt haben. Das aber ist gerade nicht der Fall: der Unterkiefer von Mauer, der älteste eiszeitliche Menschenrest, den wir wohl kennen, hat ein vollendet menschliches Gebiß (Abb. 46). Auch ist es sehr fraglich, ob die äußere Gleichheit in Gestalt und Zahnzahl beim Menschen- und Affengebiß nicht nur auf einer Anpassungsgleichheit beruht, da vielleicht der Affeneckzahn ein vorgeschobener erster Backenzahn ist und das Affengebiß daher innerlich von ganz anderem Bau als das Menschengebiß wäre. Dann hätten wir hier wieder einen der Fälle von Typusnachahmung, wie wir sie im Abschnitt 3 besprochen haben.

Bolk hat es zu begründen versucht, daß angesichts ihrer vielen primitiven Eigenschaften die Menschenform nicht als ein entwickeltes Tier, sondern vielmehr als eine nicht zu tierischer Spezialisation gelangte Grundgestalt anzusehen sei. Wenn also die bisherige formalistische Abstammungslehre meinte, der Mensch sei über das Tier hinausentwickelt, so sagt demgegenüber Bolk: der Mensch verweilt gar nicht auf der tierischen Formstufe; zwar habe er die Anlage zur Tierwerdung in sich, verwirkliche sie aber nicht in seiner Körperlichkeit. Doch darüber sind die Akten noch lange nicht geschlossen, und so wissen wir im Grunde, trotz aller unserer Wissenschaft, heute noch nicht viel mehr über die Wurzeln unseres natürlichen Daseins als die uralten Mythen, Sagen und Religionen, die uns alle miteinander schildern, was es mit dem Menschen auf sich hat, und die seine Herkunft und Entstehung in ganz frühe, graue Zeiten verlegen.

Urmensch und Sagenwelt.

Im Gedächtnis aller Völker leben von alters her Märchen, Sagen und Mythen. Niemand kennt ihre Schöpfer oder ersten Erdichter. Selbst bei den wildesten Naturvölkern, als man sie entdeckte, lebten diese Überlieferungen in einer Reinheit und Tiefe, die denen unserer Ahnen in nichts nachstehen. Freilich sind sie vielfach umgedichtet, und wohl jedes natürliche Volk, jede Rasse hat sie in anderer Weise ausgestaltet — aber im Kern und Wesen sind sie alle gleichartig und deuten auf eine Urvergangenheit menschlichen Wesens und Denkens. Und gerade da, in den Sagen und Mythen, finden wir nun allerhand Aufschluß, den uns die Naturwissenschaft bis heute noch nicht in gleicher Weise zu geben vermochte.

204

Es gibt Überlieferungen, die uns merkwürdigerweise von Dingen berichten, die wie natürliche Geschichte anmuten. So ist zuweilen die Rede von zahlreichen frühzeitlichen Zwergvölkern — nicht von den Zwergen und Wichteln in der Natur, das ist etwas anderes; sondern von richtigen zwerghaften Menschenvölkern. Es ist aber ein Gesetz der natürlichen Lebensentwicklung, daß gerade die höheren Tiere, die Säugetiere, zu denen der Mensch seiner physischen Natur nach gehört, stets im Anfang ihrer Stammesentwicklung mit besonders kleinen Rassen begonnen haben und erst späterhin größere und größere Formen hervorbrachten. So entspricht diese Sage von den Zwergrassen durchaus einer naturhistorischen Möglichkeit. Oder es wird uns berichtet von Menschenarten, die Schwimmhäute hatten und besonders im Wasser sich aufhalten konnten; so wird erzählt, daß gewisse Menschen vor Noah noch verwachsene Finger hatten; und die Geschichte eines Königs, der zu seinem Ahn ins Totenreich fährt, um sich Rats über Leben und Tod zu erholen, endigt damit, daß der Ahn sich wundert, weshalb der Nachkömmling eine anders gestaltete Hand als er selber habe. Merkwürdig ist nun, daß der Mensch in seinen inneren Organen vielfach Formbildungen aufweist, die keineswegs an das ihm nahestehende höhere Landsäugetier erinnern, sondern gerade an Wassersäugetiere, wie Westenhöfer zeigte. Sollten da also nicht für gewisse urzeitliche Menschenarten noch Hinweise mit gegeben sein?

Eine ganz eigenartige Überlieferung von urzeitlichen Menschengestalten ist die, worin von einem Stirnauge die Rede ist. Wir kennen diesen Menschen als Polyphem in der Odyssee; er lebt auch in nordischen Volksmärchen. So heißt es u. a. im Märchen von der „Schönen Melusine": „Es war eine Mutter aus uraltem Geschlecht der Menschen; die hatten noch ein Auge auf der Stirn." Auch bei anderen Völkern, beispielsweise in den Märchen aus Tausendundeine Nacht, oder in altägyptischen Berichten kommt diese Eigentümlichkeit zur Sprache. Man kann nun solches rein allegorisch deuten;

aber es ist doch eigenartig, daß es in früheren Erdepochen
wirklich Tierwesen gab, denen jene Eigentümlichkeit gleichfalls
zukam. Hat man das aber früher überhaupt wissen können?
Und wie kam man dazu, dies von Menschen zu behaupten?
Dahinter muß doch mehr stecken als bloße Phantasterei. Hier
gewinnen auf einmal unsere im Abschnitt 6 angestellten Betrachtungen über die Ursinnessphäre eine ganz neue, andersartige Beleuchtung, und es scheint Wege des Wissens über eine
ferne, ferne Urzeit der Menschheit zu geben, die gar nicht
unsere gewohnten naturwissenschaftlichen sind.

Vollends die vielen, vielen und mannigfaltigen Berichte
von Drachen, Lindwürmern, Seeschlangen? Wie kommen die
Sagen gerade zu diesem immer wieder und wieder abgewandelten Motiv? Nun wissen wir aus der ganz nüchternen Erdgeschichte, daß es im Erdmittelalter auf der ganzen Welt diese
sagenhaften Wesen wirklich gab. Wir graben sie aus den
Schichten, und für den Naturforscher sind sie nichts weniger
als bloß sagenhaft. Konnte der Urmensch solche Gestalten zu-
sammenphantasieren oder hat er sie am Ende erlebt? Man
sagt sich zwar: auch unsere Urväter haben gewiß schon Saurier-
knochen in manchen Ländern im Boden gefunden; in gewissen
Gebieten liegen sie ja geradezu herausgewittert an der Oberfläche; daran erhitzte sich ihre Phantasie. Dem aber ist ent-
gegenzuhalten, daß die Lindwürmer in den Sagen gar nicht
so knochenmäßig geschildert werden, sondern geradezu in den
Gestaltungen, wie sie der paläontologischen Wissenschaft als
ehemals lebende Wesen mit Fleisch und Blut und Haut und
Panzern rekonstruierbar erscheinen.

Oder wenn in nordischen Sagen die Rede ist von Polar-
ländern, in denen es mild und wohnlich war, wo Wälder standen und Weinlaub gedieh — wann könnte das gewesen sein?
Denn in den vergangenen Jahrtausenden gab es dort oben
doch nur ein rauhes Klima und Eis, und zuvor erst recht; denn
da war die Eiszeit, in der das ganze Polargebiet bis herunter
in unsere Breiten von Gletschern und Inlandeis überzogen war;

206

so kann es auch damals keine Wälder, keinen wärmeliebenden Pflanzenwuchs im Norden gegeben haben, und wir dürften danach meinen, es handle sich in der Sage um bloße Wunschträume. Aber da finden wir nun merkwürdigerweise unter den Ablagerungen der Eiszeit in Grönland und anderwärts tertiärzeitliche Schichten, in denen wirklich wärmeliebende Gewächse fossil liegen und uns zeigen, daß es ehedem in jener weiter zurückliegenden Erdepoche dort oben üppige Vegetationen gab, daß es mild, ja warm war — und so entspricht die Sage wirklich den naturhistorischen Tatsachen. Warum sollte sie also nicht eine rechte Urkunde aus urweltlicher Vergangenheit des Menschengeschlechts sein, freilich eines Menschengeschlechts, das weit, weit älter ist, als es unsere Schulweisheit sich heute noch träumen läßt?

Wir haben eine Epoche allzu rationalistischer Gelehrsamkeit hinter uns, in der man es für ausgemacht hielt, daß die alten Mythen und Sagen nur die Ausgeburt der unzureichenden Urteils- und Denkfähigkeit verängstigter spätzeitlicher Naturmenschen gewesen seien. Alles was für unser rationalistisches und materialistisches Denken unverständlich war, wurde in seinem inneren Wirklichkeitswert geleugnet. Die positivsten Äußerungen und menschheitsgeschichtlichen Überlieferungen wurden als Wahn erklärt und zu Nichtigkeiten heruntergesetzt. Nun aber stehen wir, da wir nicht mehr an die Abstammungslehre in der Ausgestaltung, die ihr das 19. Jahrhundert gab, glauben und andere Gründe für ein sehr hohes erdgeschichtliches Alter der Menschheit haben, plötzlich vor der überraschenden Aussicht, auf eine neue, erweiterte Weise in das Dunkel der Urzeit, in die Urgeschichte unseres Geschlechts einzudringen. Der Mensch erscheint uralt, und seine sagenhaften Überlieferungen bekommen nun eine zeitliche Weite und Tiefe, die man zuvor nicht ahnte. Ein anderer, mannigfaltigerer Urmensch erscheint an Stelle des vermeintlich ersten Menschen der Eiszeit, der etwas mehr tierische Merkmale gehabt hat und der irrigerweise für den Ahnen gehalten wurde, während er nur ein seitlicher Abspalter einer viel umfassenderen und viel weiter in die Vergangenheit zurückreichenden Menschheit war.

Wir wissen im einzelnen noch nicht, wie jene märchenhafte, in den Sagen auftauchende Frühmenschheit mit ihren vermutlich vielen Abwandlungen ausgesehen hat, und sind mit unseren Vorstellungen zunächst noch auf die Überlieferungen selbst angewiesen. Wohl können wir etwas Allgemeines von ihr sagen. Wir kennen ja den jeweiligen Entwicklungszustand der Tierwelt in den einzelnen Erdepochen, und irgendwie muß der Mensch in seinen Körpergestaltungen auch an solchen Entwicklungszuständen, den Zeitformbildungen, teilgehabt haben. Und da kommen wir durch solche Vergleiche zu Vorstellungen, die naturwissenschaftlich gefaßt und begründet sind, die aber nun gerade dem entsprechen, was uns die Sagen spiegeln.

Hat die Menschheit körperliche Wandlungen durchgemacht, die vielleicht viel, viel weitergehen als die geringe Abwandlung vom uralten Vollmenschen der Eiszeit und vielleicht Voreiszeit zum mehr tierischen Neandertaler? Gab es am Ende erdgeschichtliche Zeiten, in denen der Menschenstamm auch primitive Säugetiermerkmale oder noch tiefere Stadien des Tierreiches als eine Art Zeitbaustil an sich trug? Und wenn auch, so wäre er doch immer seiner inneren Potenz nach Mensch gewesen und nicht Tier, nicht Vierfüßer. Die alte Vorstellung der darwinistischen Abstammungslehre, als sei einmal der Mensch Amphib und Fisch und wer weiß was alles Tiefere gewesen, mutet wie ein irreales Bilderspiel an. Aber hier liegt Geheimnis über Geheimnis.

Urtümliche Seelenzustände.

Aber noch ein anderes kommt hinzu: wir können uns auch gewisse Vorstellungen machen, wie eine solche früheste Urmenschheit seelisch-geistig beschaffen gewesen sein mag.

Lange, ehe es Schrift gab, gab es Sagen und Mythen, die durch das lebendige Gedächtnis Einzelner oder einzelner

208

Kreise und Brüderschaften bewahrt und weitergegeben wurden. Man denke nur an die aus alten Zeiten auf uns gekommenen Berichte von mythischen Sängern, welche dieses Urweistum der Väter und Ahnen wiedergaben und denen gerade durch diesen ihren Gesang magische Wirkungen auf Mensch und Natur zugeschrieben wird. Noch Homer, der Dichter der Jlias und Odyssee, hat seine Gesänge von Mund zu Mund weitergegeben; aber auch seine Epen waren gespeist aus den schon damals viele Jahrtausende alten Mythen- und Sagenstoffen. Als sie dann in bestimmter Form einmal durch Schrift festgelegt waren, erstarrten sie; darin hat alle Sagendichtung geendigt bis auf unsere Tage. Die ursprüngliche erzählerische Gewalt und Lebendigkeit auch unserer deutschen Märchen erlosch von dem Augenblick an, als sie, dem traditionellen Wort und Gesang entzogen, in Büchern festgelegt waren. Ob dieses Bannen in die starre Schrift ihren seelischen Tod bedeutete, oder ob es wegen der seelischen Erstarrung der Völker und ihren Übertritt in das Zeitalter des intellektuellen Denkens nicht mehr möglich war, den inneren lebendigen Sinn des alten Geistesgutes zu bewahren — sicher ist, daß seit den Tagen des materiellen Aufschwungs und der seelenlosen Wissenschaftlichkeit kaum ein Sänger und Dichter mehr es vermochte, Märchen, Mythen und Sagen lebendig aus dem Urgrund jahrtausende alten Daseins neu zu schöpfen und jugendfrisch wiederzugeben.

Aber selbst älteste Schriftzeichen, wie etwa die Runen, waren auch nicht rationalisierte Schrift wie unsere Buchstaben und die daraus gebildeten Worte; sondern sie enthielten in ihrer Bildhaftigkeit einen Komplex von Vorstellungen und inneren Beziehungen, die sozusagen einen Mythus darstellten. Darum, wer die Runen kannte, d. h. diese inneren lebendigen bildmäßigen Zusammenhänge, hatte ein Wissen, ein Weistum, das weit über das einzelne Wortwissen hinausging und worin alles eingeschlossen lag, was Mensch und Welt in ihrer Gegenseitigkeit betraf. Alles aber war verankert in den inneren Bindungen an die übermenschlichen Gewalten und war eben darum nicht nur Weisheit im weltlichen Sinn, sondern auch tieffte geheiligte Frömmigkeit des Daseins.

Als die Kulturvölker in ihren Aufklärungszeitaltern sich zu rationalistisch-materieller Weltanschauung erhoben hatten, waren sie nicht mehr imstande, die Natur von innen her als eine durch und durch lebendige Wesenheit zu erschauen; sie verloren den inneren Blick auf die Natur. In früheren Zeitaltern, die man wohl die magischen nennen kann, stand der Mensch noch in einer unmittelbaren Beziehung zum inneren Leben der Natur. Nicht nur das Tier und die Pflanze, auch der Stein, die Berge, der Fluß und nicht zum mindesten der gestirnte Himmel waren ihm durchaus beseelt. Das war keine leere Gaukelei, kein Hirngespinst, das er sich gemacht hatte, sondern es war der elementare Einblick in innere Lebenszusammenhänge des ganzen Kosmos; es war ein Geistes- und Seelenzustand, den ich Natursichtigkeit nenne und der eine ganz andere Eingliederung des menschlichen Denkens und Fühlens, eine ganz andere Beziehung zu allem Natürlichen mit sich brachte, als dies unser jetziger, alles nur von außen angreifender Intellekt es sich vorzustellen vermag. Naturgötterkult, magische Religionen, Heilkunde, echte Astrologie — das waren, in Kürze gesagt, die angemessenen Ausdrucksformen für diese Innensicht auf das Weben der Natur. Und es ist klar, daß solche Urmenschen ein anderes Wesen an sich hatten, vielleicht auch körperlich anders gestaltet waren als wir Spätzeitmenschen der letzten zehntausend Jahre.

Denken wir uns einmal ein Menschenwesen, dessen denkerisches Großhirn noch sehr zurücktritt und dessen gewöhnlicher Intellekt noch ersetzt ist durch einen sicheren Instinkt für die Natur und somit für sein eigenes Leben und Dasein in dieser Natur. Ein solches Menschenwesen, bei dem auch andere Gehirnorgane besonders entwickelt und, noch ohne Überdeckung durch das Großhirn, freier funktionsfähig waren, würde in besonderem Maße natursichtig gewesen sein; es hätte beispielsweise das Kommen eines Gewitters, das Nahen eines

210

Tieres, das Sterben eines entfernten Menschen gefühlt, hätte unbewußt vorausgesehen und hätte zugleich die Lebendigkeit in allen diesen Naturdingen so erlebt, daß es sich auch entsprechend verhalten konnte. So hätte es auch umgekehrt Einfluß auf die Dinge der Natur üben können, d. h. es hätte in natürlicher Weise magisches Wissen und Fühlen besessen und hätte danach handeln können. Und dies alles ist nichts anderes, als was uns die Märchen in immer wieder neuen mannigfaltigen Bildern zeigen; es ist das, worauf auch alles ursprünglich naturgebundene Heidentum mit seinem ganzen wirksam lebendigen Götzenkult beruht. Ein solches Menschenwesen würde infolge seiner vom Intellekt noch nicht verdrängten Natursichtigkeit die ganze Herrlichkeit wie die dämonische Urgewalt der Schöpfung nicht nur so von außen her, sondern mit aufgeschlossenem innerem Sinn gesehen — es würde aber diese ganze Größe und die Abgründigkeit in allem Weben der Natur in tiefdringenden Bildern und Gleichnissen, vielleicht in symbolischen Gesängen offenbart haben — und eben in diesem Menschenwesen würden wir damit den bisher noch unerkannten Erwecker und wahren Dichter der Mythen und Sagen endlich vor uns sehen.

Wie aber, so dürfen wir fragen, konnten denn solche alten Erinnerungen überliefert werden bis in eine späte Zeit, da wir doch nicht annehmen können, daß das gesprochene Wort allein genügte? Nun, auch hier müssen wir zu den inneren Quellen und den inneren Zusammenhängen des Daseins zurückgreifen, um dies auch nur etwas verstehen zu können.

Der Mensch, wie er in geschichtlichen Zeiten ist und war, steht nicht wurzellos über den Tagen der Vorwelt. Als Abkömmling früherer und frühester Menschenzustände ist er mit einer ihm selbst unbewußten Erbschaft, wie an seinem Körper, so auch im Geiste begabt. Er ist unbewußter, alter, längst erloschener Gattungsinstinkte und Gattungserinnerungen teilhaftig. Bei besonders tief begabten und natursichtig veranlagten Einzelnen oder Volksstämmen nun mag durch eine intuitive Schau das verschlossene Gut, der verborgene Schatz schlummernder Erinnerungsbilder zuweilen auch in der Spätzeit berührt, erweckt und dann zu neuem Bewußtsein gebracht worden sein. Das eben wären die Seher und die seherischen Sänger und Dichter, die uns alte Sagen überliefern. Sie vermochten es, aus dem inneren Gattungsgedächtnis, dessen auch sie teilhaftig waren, in einem zwar scheinbar phantastischen, so doch seinem innersten Wesen nach wirklichen Erleben das hervorzuholen, was aus urältesten Tagen als Erinnerung im Menschen verborgen lag. So konnten sie ein sagenhaftes Wissen um längst Vergangenes aus der Tiefe ihres eigenen Menschentumes schöpfen, es ins Bewußtsein bringen und so, ohne Sprache und ohne Schrift, aus urweltlichen Zeiten Überliefertes den erstaunten Zeitgenossen verkünden. So mögen die allen Völkern gemeinsamen Traditionen sich bis in unsere Spätzeiten, sicherer als auf Papier geschrieben, herübergerettet haben.

Nun erscheint uns die Menschheit auch in ihrer physischen Körperhaftigkeit uralt, weit entfernt davon, einmal in später erdgeschichtlicher Zeit sozusagen nur durch Zufallsumbildungen aus einem Affentier hervorgegangen zu sein. Eine neue Wissenschaft wird es sein: Naturforschung, verbunden mit Sagenforschung, die uns künftighin diese noch so ganz unbekannte menschliche Urwelt auftun soll, vor deren noch geschlossenem Tor wir erst stehen, um nur einstweilen, wie durch einen schmalen Spalt, hindurchzublicken, um hinter diesem Tor eine Welt und eine Vergangenheit zu gewahren, in der das Geheimnis der Herkunft unseres Geschlechtes derzeit noch verborgen liegt.

Schlußabschnitt.

Vom Umbruch der Erkenntnis.

Wenn viele unserer Darlegungen über die Ursachen des geologischen Geschehens im Lauf der Zeitalter wieder in die Gedanken der alten Katastrophenlehre einlenken, freilich auf einem veränderten neuzeitlichen Wissensboden, so liegt es nahe, sich zu fragen, ob wir hier nicht wieder vor einem Kreislauf des naturphilosophischen Denkens stehen, wie er sich in der ganzen Geistesgeschichte immer wieder zeigt. Es ist nicht wahr, daß das Denken und Erkennen der Menschen einen stetigen einfachen geradlinigen Verlauf nehme; vielmehr ist es ein Spirallauf, dessen Windungen immer wieder zu gewissen Ausgangspunkten, wenn auch nicht auf derselben Niveauebene liegend, zurückkehren. Und so könnte es sein, daß wir mit der erd- und lebensgeschichtlichen Erkenntnis nicht nur um ein bis zwei Jahrhunderte zurückkehren zu einem bestimmten Ausgangspunkt, dem wir nun neue, von vertieftem und erweitertem Wissen getragene Bestätigungen verleihen könnten; sondern es wäre möglich, daß überhaupt spätzeitliche Wissenschaften, wie es ein großer Denker ganz allgemein ausspricht, immer wieder, in allen Kulturabläufen, zu den ersten frühesten philosophischen Grundüberzeugungen zurückkehren und ihnen Bestätigung bringen in neuem Gewand.

Diese Möglichkeit erweitert sich zur Wahrscheinlichkeit, wenn wir bemerken, daß die allen Völkern gemeinsamen Sagen uns von irdischen und kosmischen Bildern berichten, die wir zwar heute auf unserer Erde nicht mehr sehen, die aber erstaunlich ähnlich vielen Zuständen und Erscheinungen sind, die wir

213

teils durch die Erdgeschichtsforschung unmittelbar als Tatsachen mitgeteilt bekommen, die aber teils auch mit Gedanken
übereinstimmen, die wir uns machen müssen, wenn wir zu
besseren Erklärungen vorweltlicher Tatsachen kommen wollen,
als es die schulmäßige Geologie bisher konnte.

Kein Mensch weiß, wann und wo gewisse gemeinsame
uralte Sagen über die vorzeitliche Entwicklung der Erde und
des Lebens entstanden sind. Alle Völker, selbst die zurück-
gebliebensten und rohesten, haben sie, und bei ihnen allen
sind sie nicht weniger lebendig, nicht weniger lebensvoll und
denkerisch durchgearbeitet als etwa bei uns Kulturvölkern oder
den Kulturvölkern des Altertums. Wenn man heute allmählich von dem Hochmut frei wird, zu glauben, daß nur die paar
Jahrtausende einer Kulturgeschichte, die wir überblicken, die
Kultur der Menschheit selber seien; oder wenn es uns mehr
ahnungshaft als klar umrissen dämmert, daß diese bekannte
menschliche Weltgeschichte doch vielleicht nur eine bestimmt ge-
artete Spezialausbildung und ein Einseitigwerden intellektu-
eller Lebensformen und Erkenntnisformen ist, denen vielleicht
unausdenkbare Zeiten anderer, und zwar vieler anderer und
mannigfacher Menschheitskulturen vorausgingen, die sich keineswegs etwa in technischem Können, in großen Bauten äußerten,
sondern deren Lebendigkeit in anderen Sphären menschlicher
Geistesbetätigung lag, so ist man wohl eher bereit, sich einmal
die uralten Sagen auf ihren Wirklichkeitswert hin anzusehen.
Dies um so mehr, wenn sie uns, wie betont, oft ganz über-
raschende Parallelen bieten zu dem, was uns die neuzeitliche,
mit den angestrengtesten Verstandesmitteln betriebene wissenschaftliche Urweltforschung allmählich ans Tageslicht zieht.

Die Voraussetzung zu solcher Betrachtung ist allerdings,
wie es der vorige Abschnitt dartat, die Überzeugung, daß der
Mensch, wenn auch nicht in seiner quartärzeitlichen Gestalt
oder Seelen- und Geistesverfassung, doch wesentlich älter ist,
als es nach dem bisherigen geringen Wissensumfang der
Paläontologie und vergleichenden Anatomie wahrscheinlich

214

sein sollte. Es würde sich damit in der Menschheit ein Wissen erhalten und in Form von Sagen niedergeschlagen haben, das in erdgeschichtliche Epochen zurückgeht und uns, wenn auch in oft sehr verzerrter, zerrissener oder überwucherter Form, dennoch von naturhistorischem Geschehen berichtet, dessen Wahrheiten wir uns vielleicht um so mehr nähern werden, je weiter unsere Forschung und ihre erkenntnistheoretische Durcharbeitung vordringen.

War man also in unseren Zeiten immer mehr zu der Meinung verführt worden, es habe sich erst mit dem Einsetzen des von allem inneren Erinnerungswissen der Menschheit losgelösten Intellektualdenkens eine wahre Erkenntnis der Welt, der Umwelt, der Natur angebahnt und alles andere sei wüster Aberglauben gewesen, so dämmert nun die Erkenntnis, daß wir uns auf einem so hohen, selbstsicheren Standpunkt nicht auf die Dauer werden halten können, wenn wir überhaupt zu Erkenntniswahrheiten, welche die ganze Menschheit betreffen, gelangen wollen. Solche Erkenntniswahrheiten liegen aber in den alten Sagen vor, und zwar in einer Form, die merkwürdigerweise der ganzen Menschheit gemeinsam ist und an der unkultivierte Völker und Völker des grauesten Altertums ebenso teilhatten, ja vielleicht mehr und tiefsinniger teilhatten als unser intellektuelles Spätzeitdenken.

Man hat in der neueren Naturforschung erkannt, daß in den stofflichen Erscheinungen Beziehungen obwalten und Kräfte sich darstellen, denen man gerade in jenem Augenblick, wo sie für unsere Sinne zugänglich werden, nicht mehr mit dem rein kausalen Denken beikommt. Es gibt offenbar Arten der Naturgestaltung, wo ein nicht mehr räumliches und auch nicht mengen- und zahlenmäßig wägbares und meßbares Hervorkommen von Bildungen und Zuständen stattfindet. Darf man daraus folgern, daß im Naturgeschehen der gewöhnliche Ursachenbegriff keinen Platz mehr habe? Das wäre nur sehr bedingt wahr. Würde man es kurzweg annehmen, so müßte man nicht nur einem alles vernunftgemäße Denken zersetzenden Skeptizismus anheimfallen, sondern man würde auch anderen, durchaus sichergestellten Tatsachen bewußt ins Gesicht schlagen müssen.

Wir haben durch unsere Naturforschung mit Hilfe der kausal-mechanischen Methode Tatsachen genug gefördert, unser Wissen und Weltbild in unerwarteter Weise vergrößert, erweitert. Es kann also einem wahren Wissensfortschritt nicht dienlich sein, die Grundsätze dieser Methodik allgemein zu verneinen in einem Augenblick, wo man eben an Hand dieser Forschungsweise sieht, daß sie uns nur einen Teil der Natur, nur eine bestimmte Sphäre oder Schicht des Daseins aufgeschlossen habe, aber nicht weitergeführt in eine tiefere Untergrundssphäre. Vielmehr wird man sich fragen müssen, ob man nicht einen grundsätzlichen Fehler beging, als man das kausal-mechanische Denken zu einer alles umgreifenden Welterklärung erhob, und ob man ihm nicht doch nur einen bestimmten, vielleicht beschränkten Platz in unserem Weltbild anzuweisen habe. Es würde zu erweitern oder unter einen höheren Gesichtspunkt zu stellen sein. Und so fragt es sich, welcher Art und welchen Inhalts etwa das neue Axiom der Forschung sein könnte.

*

Schon um die Jahrhundertwende entstanden, gerade in der wissenschaftlichen Forschung selbst, Zweifel an dem unbedingten Wert nicht nur materialistischer Lebensauffassung selbst, sondern auch materialistischer methodischer Forschung. Es kamen allmählich wieder Naturerscheinungen und Naturzusammenhänge uns zum Bewußtsein oder wurden neu entdeckt, die dem gewohnten methodisch-mechanistischen Denken zuwiderliefen. Den ersten Anstoß gab wohl die Physik, als man die merkwürdige und aller bisherigen Auffassung vom Wesen der Materie entgegenstehende Erscheinung des Zerfalls radioaktiver Stoffe sowie der Neubildung von Stoffelementen gewahr wurde. Schritt um Schritt haben sich diese Entdeckungen

216

verdichtet zu einer Umbildung unserer Ansichten über den Feinbau der Stoffwelt, bis wir nun, Schritt um Schritt, vor der merkwürdigen geistigen Erscheinung stehen, daß man sogar auf die unbedingte Sicherheit des Ursachenbegriffes verzichten will; daß man über den Bau der Stoffe zu der Meinung gelangt, vielleicht könne Materie im Weltganzen vergehen und neu erstehen; ja daß wir Definitionen begegnen, welche den „Kern der Materie" geradezu als metaphysischen Wert erscheinen lassen. Da kommen dann die in sich widerspruchsvollsten Vorstellungen gleichzeitig zu ihrem Recht, der mechanistisch denkende Verstand wird in sich selbst zum Widerspruch — und so wird ein Umbruch des Denkens offenbar, es kommt das Ahnen eines großen Geheimnisses, das trotz aller rationalen und kausalen und mechanistischen Aufklärung wieder sein ganzes Gewicht und seine ganze Unfaßbarkeit unseren Geist fühlen läßt.

Nicht anders ist es in der Entwicklungsgeschichte des Lebens. Mit welcher Sicherheit schien man zu letzten Erkenntnissen fortzuschreiten, zu einem natürlich-mechanischen Verstehen der lebendigen Gestalten. Wie war man überzeugt, etwa durch die Lehre von der materiellen Wechselwirkung auch ein Verständnis für das Werden der lebenden Natur zu erreichen, von dem hundert Jahre zuvor Kant noch gesagt hatte, es werde nicht möglich sein, auch nur das Entstehen eines Grashalmes mechanisch zu deuten. Man nahm gewisse rationalistische Fiktionen für Naturwahrheiten und rannte sich hinsichtlich der Erklärung organischer Formen in einen blutleeren Begriffsscholastizismus hinein, der nachgerade im wörtlichsten Sinn durch und durch lebensfremd geworden ist. Mit derselben unlebendigen Verständnislosigkeit trat man aber, wie wir sahen, auch der Geschichte und Urgeschichte der Menschheit gegenüber.

Für Leibniz, den großen Universalphilosophen, war jegliches Atom, jegliches Kleinstes, aus dem sich die Welt aufbauen sollte, eine lebendige Monade. Das will sagen, auch im denkbar

kleinſten räumlichen und materiellen Daſein liegt ein lebendiger
Weſenskern; beſſer ausgedrückt: auch das denkbar kleinſte
Teil der Natur, der Subſtanz iſt Ausdruck und lebendige Dar-
bietung einer inneren ſchöpferiſchen Kraft. Wir dürfen dieſe
Lehre geradezu eine ſymboliſche Daſeinsauffaſſung nennen.
Dabei iſt zunächſt nicht entſcheidend, ob und wie wir uns dies
denken, um es ſprachlich auszudrücken; entſcheidend iſt nur, zu
wiſſen, daß es ein Heraustreten von Naturerſcheinungen und
Naturgeſtalten gibt, worin die mechaniſtiſche und quantitative
Auffaſſung keinen Platz findet, weil dort Dinge vor ſich gehen,
Wirklichkeiten ſich eröffnen, die, wie wir ſagten, einer anderen
Sphäre, einer anderen Schicht der Natur angehören als jene,
die wir mit mechaniſtiſchen Mitteln greifen und berechnen können.

Der Begriff des Werdens und Entſtehens, ſowie die Vor-
ſtellungen, die wir uns darüber zu machen vermögen, werden
anders, wenn wir in dieſer inneren Naturſphäre ſtehen und nun
in ihr Erkenntniſſe ſuchen. Es ſagt uns dann gar nichts mehr,
wenn wir verſuchen, räumlich und zeitlich oder zahlen- und
gewichtsmäßig etwas auffinden zu wollen, ſondern nun handelt
es ſich um jene Grundeinſicht, mit der wir uns in jener höheren
oder andersartigen Schicht umſehen können, in der ſich eben
dieſelben Dinge, die wir zuvor kauſalmechaniſch ſahen, nun als
etwas anderes geben.

Werfen wir kurz einen Blick auf das Gebiet der kosmiſchen
Phyſik im weiteſten Sinne. Man kann die Veränderungen
in den Jahrmillionen als Ausdruck oder Funktion eines kosmiſchen Geſamtzuſtandes auffaſſen. Es würde dementſprechend
nirgends etwas geſchehen, was nicht im gleichen Augenblick
in allem anderen Geſchehen ſich mit auswirkte. Es würde ſozuſagen nirgends etwas nur von außen her geſtoßen oder ge-
tragen oder ſonſtwie bewegt werden, was nicht von innen bewegt wird und alſo im gleichen Augenblick eine Änderung des
Geſamtzuſtandes des Kosmos bedeutete. Jedes äußere Geſchehen würde deuten auf eine Innenänderung im Weſen des
Kosmos.

218

Man hatte in der bisherigen, nur mechanistischen Naturlehre keinen Platz mehr für den Begriff und das Bewußtsein eines Innerlich-Ganzen. Wie aber ein Organismus in allen seinen Teilen bis in die feinsten Beziehungen hinein ein in sich selbst geschlossenes Ganzes ist und ohne dies die Teile und ihr Bewegen keinen Sinn hätten, ja dies alles überhaupt nicht sein könnte, und wie da nirgends etwas vor sich geht, was nicht in allen übrigen Teilen zugleich seine Entsprechungen findet — so muß man sich vergleichsweise auch den Kosmos denken. Wir sagen ausdrücklich: vergleichsweise; denn der Kosmos ist kein Organismus wie ein irdisches Lebewesen (S. 181); trotzdem hat er inneres Leben, innere Lebendigkeit, wie er auch Ordnung und Rhythmus hat. Hätte er dies nicht, so wäre er längst ein unförmlicher Klumpen, vorausgesetzt daß er je etwas hätte werden können.

Alles in ihm hat innere Berührung, innere Beziehung miteinander, selbst das, was vom anderen am allerweitesten entfernt ist; denn Raum und Zeit sind nur in der kausalmechanischen Sphäre geltende Werte. Alles, was wir als Teile und einzelnes sehen, ist im Grunde steter Ausdruck des innerlichlebendigen Ganzen. So ist auch der Stoff ein von innen her in seiner Gestaltung Bestimmtes, nicht nur etwas, das äußerlichräumlich aneinandergrenzt oder -stößt. Wir begreifen so den Sinn der Leibnizschen Idee, daß jedes noch so geringe Teilchen der Natur an der inneren ursprünglichen Lebendigkeit teilhabe, d. h. Monade sei. Denn jeder schöpferische Akt — und das wäre jedes Teilchen und jede Erscheinung — ist immer Original, nie Kopie. Kopie gibt es nur im mechanisch vollzogenen Menschenwerk. Die Monade aber, also das Wesen jeglicher Naturerscheinung, ist nichts anderes bei einfachster Primitivität und Bewußtlosigkeit, als das, was im Menschen in höchster Bewußtheit als Persönlichkeit erscheint.

Haben sich also irgendwann im Kosmos Stoffe gebildet, Veränderungen und Gestaltungen vollzogen, ist irgendwo und irgendwann etwas erschienen und zustande gekommen — und das ist ja ununterbrochen seit dem Anfang der Zeiten bis zur Stunde das Wesen aller Natur — nun so ist dies alles zugleich auch Veränderung des Innerlich-Ganzen, beruht alles auf inneren gegenseitigen Entsprechungen; das heißt: die Qualität der Welt hat sich immerfort von innen her geändert und nichts hat sich auf kausal-mechanische Weise vollzogen; denn das würde nur einen toten Leerlauf bedeuten und nur ewige Wiederholung, somit nur Kopien geschaffen haben. Und weil dies eben nicht so ist, darum ist auch der Kosmos, die Schöpfung ewig jung und neu, es ist noch immer Schöpfungstag.

*

Ein Gebiet, worin sich dies ersichtlich auswirkt, ist die Entwicklungsgeschichte des Lebens. Seit Jahrmillionen bevölkern Lebewesen die Erde; die Gestalten änderten sich, manche rasch, andere langsam, manche dauerten durch, andere starben wieder aus oder prägten sich um. Nun denkt man sich, wie im Abschnitt 3 ausgeführt, das ganze Lebensreich als eine Stufenleiter von niederen zu höheren Organisationen und nimmt aus verschiedenen Gründen an, daß sich alle Lebewesen auseinander entwickelt hätten, bis zuletzt die höchste Organisationsstufe, der Mensch, daraus hervorgegangen sei.

Auch diese Lehre war kausal-mechanisch begründet worden, und das organische Geschehen überhaupt sollte so gedeutet und verstanden werden. Es sollte sich durch quantitatives Vermehren, Hinzukommen und Wegnehmen in zeitlich aufeinanderfolgenden Zuständen als das ergeben haben, was es wurde und ist. Doch auch hier fehlte, abgesehen von anderem, der Begriff der inneren lebendigen Einheit. Wenn das Leben in all den zahllos wechselnden Formen seit grauesten Urzeiten eine zusammenhängende genetische Kette, ein wahrer lebendiger Stammbaum war, so konnte es dies nur deshalb sein, weil ein zeitlos-urbildmäßiges Ganzes existiert, von dem alle in der Zeit hervorgetretene Einzelform mitsamt ihren etwaigen Veränderungen der von innen her „gewollte" Ausdruck, also das

220

gegenständliche Symbol im Raum und in der Materie ist.
Aber man dachte sich das Werden der organischen Natur durch
Häufung und Vermehrung der Eigenschaften; das war kausal-
mechanisch gedacht. Ist aber ein Lebewesen verständlich bloß
als Summierung körperlicher Eigenschaften? Wäre es überhaupt damit gekennzeichnet, wenn wir selbst bis ins einzelne
hinein jeglichen Stoffaufbau bei ihm angeben und beschreiben
könnten? Grob gefragt: Ist ein Tier nur einige Pfund Fleisch
und Knochen und einige Liter Säfte? Auch Fleisch und Knochen
könnten als solche nicht sein, wenn nicht ein Innerlich-Ganzes
dem allem zur Gestaltung verhülfe und darin sich eben mani-
festierte.

So mag uns daran klar werden, weshalb hier das kausal-
mechanische Denken keinen Platz mehr hat, wo es sich um die
eigentliche Ur-Sache des Daseins organischer Wesen und ihrer
Entwicklung handelt. Wie beim Werden und Wesen des
Stoffes selbst, sind wir auch hier in einer anderen Natursphäre,
und ist in einem ganz anderen Blickfeld der Gedanke zu erfassen, daß sich nie und nirgends auch nur die kleinste, unbe-
deutendste Gestaltung vollziehen könnte, wenn nicht von innen
her dies als Ausdruck eines innerlich gegebenen lebendigen
Ganzen geschähe, das sich darin unmittelbar manifestiert und
so in jeder Gestaltung sein unmittelbares Symbol fände.

*

Fassen wir nun die im Vorstehenden kurz umrissenen
Wissens- und Forschungsgebiete zusammen, so haben wir vor
uns eine neue entwicklungsgeschichtliche Schau auf das Werden
und den Wandel der Natur in Zeit und Raum. Unter der
ausschließlichen Herrschaft des mechanistischen Kausaldenkens
konnte man sich dabei nichts anderes denken als ein immer-
während Umsetzen gegebener Stoffmengen und ihrer Spannungen. Was geschah, geschah von außen her, indem Körper
und Stoffteilchen sich anzogen und abstießen, sich verbanden
und wieder lösten. Gewiß trifft dies alles auch zu, und das

221

Sinnenhafte läßt sich stets so beschreiben; aber dies, allein gesehen, führt nicht zum Wesenhaften. Nun wir aber den Kosmos als ein in sich geschlossenes Ganzes nehmen, ahnen wir auf einmal seine innere verborgene „Lebendigkeit" und verstehen, daß alles, was sich zuträgt und gestaltet, kraft innerer, mechanisch unbegreiflicher Beziehungen geschieht.

So haben wir jene große, wahrhaft entwicklungsgeschichtliche Synthese der Natur, die sich zugleich als das Werden des Weltalls wie als Geschichte der Erde und des Lebens darstellt. Unter der Herrschaft eines nur mechanistischen Denkens konnte man sich darunter nichts anderes vorstellen als ein Geschehen, das unter immerwährenden Umsetzungen gegebener unabänderlicher kleinster Stoffmengen ablief. Es gab nichts Neues, Schöpferisches, sondern nur die ewige Öde gleichsinnigen Ablaufs. Man hatte keinen Sinn dafür, daß in jedem Augenblick das Dasein von innen her neu ist. Was geschah, sollte geschehen von außen her, ohne jegliche innere Verwandtschaft der Dinge zueinander, ohne innere Beziehungen und Entsprechungen. Man sprach von Energien und Spannungen, aber verstand darunter nur quantitativ meßbare Beziehungen. Freilich, um es noch einmal zu betonen: dies alles ist auch in der Natur gegeben und läßt sich ermitteln und verwerten, aber es ist nicht das Wesen der Sache. Nun aber, wenn wir den Kosmos als ein in sich wesendes, geschlossenes Innerlich-Ganzes nehmen, ahnen wir auf einmal, inwiefern alles, was sich zuträgt, wenn es noch so mechanisch vorgestellt abläuft, doch nur kraft innerer, dem gewöhnlichen raumzeitlichen Denkverstand unbegreiflicher Beziehungen sich miteinander und gleichzeitig zueinander gestaltet. Da gibt es nichts Unverbunden-Einzelnes mehr im All, das von außen her das andere Unverbunden-Einzelne stieße oder sich mit ihm zusammenballte. Was sich berührt und stößt — mechanisch berührt und stößt für unseren von außen betrachtenden Sinn — selbst die rollenden Steine in einem Flußbett stehen von innen her in gemeinsamer Bindung, sind in ihrer Bewegung und Anhäufung Ausdruck

222

einer Ganzheit, ohne die sie sich als Einzelnes weder treffen
würden, noch je hätten gestalten können. Nicht nur aus Milliarden und Abermilliarden Stoffteilchen oder Körpern — und
seien sie noch so riesengroß — besteht die Welt, sondern alle
wirklichen Körper und Kraftzentren sind zu jeder Zeit, in
jedem Augenblick ein immer erneuter Ausdruck des inneren,
ungreifbaren übersinnenhaften Lebendigen, das erst dort, wo
es sich in materieller Form darstellt, auch seine mechanisch-
kausale Seite hat.

Ein durchaus unorganisches Denken, das von dem inneren
Zusammenhang und den korrelativen Entsprechungen in der
Gestaltung des Kosmos nichts spürt, ist beispielsweise die
astrophysikalische Darlegung, daß sich etwas unserem Planetensystem Gleiches oder sehr Ähnliches kaum im Weltall werde
gebildet haben, daß insbesondere daher das Leben auf dem
Planeten Erde so einzigartige Bedingungen vorfinde, daß es
weder auf anderen Planeten noch sonst im Weltall in einem
anderen Sonnensystem vorkommen werde. Denn damit sich
ein Planetensystem bilde, sei der überaus seltene Fall nötig,
daß zwei Sonnen aneinanderstreifen; und das sei kaum zu
gewärtigen. Denn die astronomische Forschung habe in den
letzten Jahrzehnten die Verteilung der Fixsternsonnen im
Weltraum feststellen können und lehre uns, daß diese sich in so
weiten Zwischenräumen voneinander halten, daß es ein geradezu unbegreiflicher Zufall wäre, wenn zwei solcher Sterne
zueinander kämen; selbst wenn ein Stern schon Millionen von
Jahrmillionen existiere, sei die Wahrscheinlichkeit, daß ihn
Planeten umkreisen, nur 1 : 100000.

Wenn wir ganz absehen von der großen Anfechtbarkeit
der astronomischen Raumauffassung und den zahlenmäßigen
Dimensions- und Sternentfernungen, so ist, selbst unter dem
heutigen Weltbild, dabei gar nicht erwogen, daß eben innere
Entsprechungen bestehen können, sofern der Kosmos lebendige
Einheit ist. Die räumliche Stellung der Weltkörper zueinander
würde gar nichts besagen für ihr Treffen oder Nichttreffen,

223

sobald nur die inneren Voraussetzungen zu einer solchen Vereinigung gegeben sind. Die größten Weltkörper mögen, vergleichsweise gesprochen, nur so groß wie ein paar Knabenschusser auf einem Raumfeld wie Europa sein: sie werden sich treffen, wenn es ihnen durch die inneren Lebensbeziehungen des Kosmos organisch bestimmt ist. Daran mag man den mechanistischen und den organischen Weltaspekt voneinander unterscheiden.

So hat, wie wir es nun verstehen, das mechanistisch-kausale Forschen einen ganz bestimmten, eindeutig umschriebenen Platz und Rang. Es gehört einer bestimmten Schicht des Weltdaseins an, ist aber nicht der alles umfassende Gesichtspunkt, der das erkennen ließe, woraus sich alles gestaltet. Vielmehr ist die sichtbare, die greifbare, die sinnenhaft aufnehmbare und mechanisch verständliche Welt selbst ein Symbol für die innere Lebendigkeit und schöpferische Gegebenheit, aus der alles quillt und vermöge deren allein sich auch alles ändern und täglich neu gestalten kann.

Wir bekommen so eine neue Innenschau. Aber weit entfernt von fruchtloser Phantasie gibt sie uns zugleich ein ursprüngliches Weltbild wieder zurück. Große Geister der Naturforschung waren es, die so dachten und von diesem Innenstandpunkt aus ihre Arbeit aufnahmen. Keplers Entdeckungen der Planetenbahnen und ihre Gesetze sind, wie A. Müller sagt, entsprungen aus dem Gedanken an die Weltharmonie, die sich in dem greifbaren Verhältnis der Planetenzahl, der Größe ihrer Bahnen und den Umlaufszeiten offenbaren. Dieser Rhythmus, analog den Tonintervallen, war ihm die Sphärenmusik, die das Ohr der Gottheit vernimmt, und die Mathematik wie die Himmelsmechanik stehen im Dienst dieser Weltsicht. Dasselbe können wir von Geistern wie Platon und Pythagoras sagen, und auch die tiefsinnigen Ideen über die Metamorphose der Pflanze und das gewaltige Werk der Farbenlehre bei Goethe sind diesem Gefühl und Bewußtsein der inneren Einheit wie der Lebendigkeit der Natur, des Kosmos entsprungen.

224

Wenn heute wieder stärker als in den vergangenen Jahrhunderten das Bewußtsein um die innere Lebendigkeit des Kosmos, der Natur in uns erwacht, so ist es auch begreiflich, daß man sich an allerhand uralte Weisheiten der Menschheit erinnert, die in unseren aufgeklärten Zeiten als törichter Wahn und Aberglauben abgetan waren. Was ist es anders als die vernünftige Grundlage einer „magischen Naturauffassung", wenn wir uns darüber klar werden können, daß nichts geschieht, was nicht in allem anderen seine innere Entsprechung hätte? So ist auch das ursprüngliche astrologische Denken zu verstehen, das freilich nichts mit dem heute so vielfach geübten Horoskopstellen nach unverstandenen Rezepten etwas zu tun haben will, sondern das in der Erkenntnis und einer darauf gegründeten wohldurchdachten Wissenschaft bestand, welche sah, wie auch unser kleines Leben von innen her mit dem kosmischen Geschehen verwoben ist; wie auch unser kleines Leben nicht irgendwelchen nur mechanischen Abläufen oder gar Zufälligkeiten unterworfen ist, sondern selbst, wie alles andere, Offenbarung einer lebendigen Schöpferkraft ist, die alles durchdringt.

*

Wenn man so an die schwierigsten Probleme der Forschung herantritt, darf man nie erwarten, es werde sich alles nach Maßgabe äußerer Betrachtung klären lassen. Wir können froh sein, wenn wir dahin gelangen, überhaupt das Problem selbst richtig zu formulieren und keine grundsätzlich falschen Voraussetzungen gemacht zu haben. Wenn man es oft so darstellte, als seien wir auf dem besten Weg, die Welträtsel zu lösen, so steht demgegenüber das Zeugnis bedeutender Menschen, daß es Urerscheinungen gibt, die wir als schlechthin gegeben hinnehmen müssen, ohne sie auflösen zu können. Wir haben viel erforscht: in der Erdgeschichte, in der Lebensgeschichte, in der Menschheitsgeschichte; wir haben, was die Menge des Erkennbaren betrifft, ein größeres Wissen als unsere Väter. Ungeheuer ist die Material- und Formenkenntnis unserer Wissenschaft. Aber ist die Summe des Unergründlichen deshalb geringer geworden? Blicken wir nur in unser eigenes Leben: Es hat den Anschein, daß nur um so größere, schwieriger zu bewältigende Fragen des Denkens und Daseins sich auftun, je größer unser äußeres Wissen und Erkennen wird. Es hat jemand den wundervollen Vergleich gebraucht: wir seien durch unsere Forschung wie durch eine dichte dunkle Masse vorwärtsgedrungen, hätten uns einen Weg gebahnt und die Seiten frei gemacht, immer mühsam vorwärts bringend. Nun wollen wir einmal stehenbleiben und zurücksehen, um uns des durchmessenen Weges zu freuen. Und da wir uns umdrehen, ist uns das Geheimnis auf den Fersen gefolgt und steht wieder riesengroß vor uns da.

Man soll nicht meinen, wir beherrschten oder verstünden auch nur die Gesetze der Mechanik; wieviel weniger die des Lebens. Es ist, sagt Uexküll, ein vergebliches Bemühen, die Lebensgesetze auf chemische oder physikalische Gesetze zurückzuführen oder gar sie aus dem bürgerlichen Leben mit seinem Versuch und Irrtum, seinem Kampf ums Dasein erklären zu wollen; sie sind selbständige und selbsttätige Naturfaktoren, die das Primat vor allen anorganischen Gesetzen haben, die sich ihnen fügen müssen. Denn das Leben gebietet über allem. Die Erkenntnis aber, daß die gesamte Natur eine einzige allgewaltige Partitur des Lebens ist, genügt noch nicht: wir selbst sind mit unserer Person in die große Partitur verwoben und müssen versuchen, mit ihr in Einklang zu sein. Bricht diese Erkenntnis sich einmal Bahn, so wird sie alle Dämme des mechanistischen Denkens überfluten.

Ältere Zeiten, andere Geschlechter wußten um die innere Lebendigkeit des Weltgeschehens und standen zu ihm in einem seelenhaften Verhältnis, selbst wenn sie ebenso die furchtbare und erschreckende Seite dieser kosmischen Lebendigkeit sahen, wie ihre Hoheit und Größe. Sie waren, wie man sagen möchte: fromm gegen die Natur. Aber was heißt der Natur „näher-

226

stehen"? Doch wohl nichts anderes, als die innere Lebendigkeit der Natur fühlen und in gewissem Sinn auch sehen. Was
sie fühlten und sahen, das liegt in ihren Mythen begraben.
Können wir es bei uns selbst wieder erwecken oder vielleicht
ihre Mythen deuten? Die uralten Sagen — das zeigte uns
der vorige Abschnitt — haben einen äußeren, naturhistorischen
Wirklichkeitswert. Diesen herauszuschälen, wird die Aufgabe
einer neuen künftigen Wissenschaft sein. Aber die Naturmythen
zu deuten und vielleicht, wenn auch nur mit dem Verstandes-
denken, wieder zu erleben — das wird nur möglich sein, wenn
wir selbst wieder ein inneres, ein seelenhaftes Verhältnis zur
Natur gewinnen.

Wir haben eine Forschungsepoche hinter uns, die uns gewaltige materielle Erkenntnisse und Fortschritte brachte. Wer
wollte das leugnen? Und wir werden so weiterforschen,
weiterforschen müssen, und unseren Verstand gebrauchen. Aber
diese materiellen Erkenntnisse und Gewinne sollen nicht mehr
über den Menschen, über sein Innerstes, Bestes triumphieren;
der Mensch wird aus tiefstem Selbstgefühl sich dagegen auf-
lehnen, daß sie ihm Selbstzweck werden, im Forschen wie im
Leben. So stellen wir an unsere Naturerklärung, soweit sie
nicht nur „technischen" Zwecken dienen, sondern uns eine zureichende Weltanschauung — nicht Religion — bauen soll,
das Verlangen, einen neuen Sinn in den Dingen zu erschließen.
Wir wollen auch in der Natur die höhere Idee, das Urbild
hindurchleuchten sehen; wir wollen den großen Mythus vom
Dasein wieder neu begreifen. Eine in das innere Leben der
Natur vorstoßende und dort ihr Wissen schöpfende Erkenntnis
aber gewahrt, daß es sich dabei um letzthin Unaussprechliches
handelt, worin höchstes Künstlertum und höchstes Forschertum
in Eines zusammengehen.

Es könnte die Befürchtung aufkommen, daß dieses Suchen
nach dem Wahrheitsmythus in der Natur vielleicht eine
schwärmerische Illusion wäre und daß der Glaube an ihn und
das Suchen nach ihm in der Naturbetrachtung zu einem

lebensfremden Ästhetizismus führen möchte; daß wir, suchend nach der höheren Idee in der Natur und ihrem Geschehen, darüber vergessen könnten, mit nüchternen Sinnen die Dinge, wie sie jetzt und hier sind, zu beschauen; vergessen könnten die Tatsachen als solche in ihrer unmittelbar gegebenen Diesseitigkeit, um endlich in ein ichbefangenes Schwärmen zu verfallen, bestenfalls in einen fruchtlosen Idealismus, der uns die warme Stunde des Lebens versäumen ließe.

Wer aber so denkt, weiß nichts von der lebenskräftigen, lebensbejahenden Wirklichkeit der lebendigen Idee; weiß nichts von der Erschütterung im Tiefsten der Menschenseele, die sich einstellt, wenn der forschende Geist gewahr wird, daß er nicht nur von außen her, mit den fünf Sinnen, das Materielle der Natur betrachten, sondern daß er im eigenen Herzen und mit höheren Sinnen dem Wesen der Natur begegnen kann; dort aber Erkenntnisse erwirbt, Erfahrungen sammelt, die nun, nach außen gewendet und von ihm in der Außenwelt betätigt, ihn eben diese Außenwirklichkeit auch grundstürzend umgestalten und neugestalten lassen. Der Mensch sieht sich von innen her und fühlt sich von innen her mit dem lebendigen Kern der Natur verwoben. So gestaltet er von dorther nun seine Wissenschaft, aber auch sein Leben. Das Erschauen der höheren Idee in den äußeren und äußerlichsten Dingen ist eine gewaltige Daseinsmacht.

Wir wollen nicht davon abstehen, unseren natürlichen Denkverstand zu gebrauchen und mit ihm in die Natur einzudringen. Es ist nicht Materialismus in einem abwegigen, verderblichen Sinn, wenn wir in dieser Weise forschen und auf Grund dieser Forschung auch den Stoff uns gestalten. Wenn wir Maschinen bauen, wenn wir feinste Präzisionsinstrumente schaffen, so ist das als Leistung selbst, wie in der Absicht des Wirkens ein Nachbilden und Auslösen göttlicher Schöpferkräfte in der Natur; aber doch nur, wenn der Menschengeist und die Menschengemeinschaft von innen her Herr darüber bleibt. Freilich, wenn wir das Materielle und Technische ver-

228

götzen, den Menschen in uns und im anderen dem unterwerfen, dann sind wir im zerstörerischen Materialismus angelangt. Wir sollen in der Natur stehen und auch nicht etwa ihr entfliehen wollen mit einer leeren, entseelten Geistigkeit; weder einer idealistischen, noch materialistischen. So wie sie ist, in ihrer ganzen Wirklichkeit, ist sie selbst der Ausdruck höheren Daseins, schöpferischer Gewalten, denen nachzuspüren und nachzuschaffen menschlicher Beruf ist. Aber eben darin kommt unser Geist, wenn wir die Seele nicht verjagen, auch von selbst dazu, dem Unerforschlichen in allem Dasein mit Ehrfurcht zu begegnen und sich ihm zu beugen.

Anhang.
Erdgeschichtliche Zeittabelle.

Känozoikum oder Erdneuzeit	Quartär	Pleistozän	Alluvium	Geschichtliche Menschenzeit Rückgang der großen Säugetiere Erste fossile Menschenreste
			Diluvium O	
	Tertiär	Jung-Tertiärzeit / Alt-Tertiärzeit	Pliozän Miozän △	Niedere Tierwelt u. Pflanzenwelt wesentlich wie die heutige. Wenig Reptilien, üppige Entwicklung der höheren Säugetiere
			Oligozän Eozän Paleozän	
Mesozoikum oder Erdmittelalter (Sekundärzeit)	Kreide		Danien	Aussterben der großen Landsaurier und der Ammonshörner. Erste höhere Säugetiere. Erste bedecktsamige Blütenpflanzen Laubbäume Höhere Nadelhölzer Große Landbinosaurier, Riesenflugechsen
			Senon	
			Turon	
			Cenoman ── △	
			Gault	
			Neokom	
	Jura		Malm ob. weißer Jura △	Erstes Vogelwesen, große Landbinosaurier. Erste Knochenfische. Vogelartige Flugreptilien
			Dogger ob. brauner Jura	
			Lias oder schwarzer Jura	
	Trias		Rhät. Keuper	Auftreten frühester niederer Säugetiere. Aussterben b. Altformen b. Amphibien. Auftreten der Nacktsamer (Zykadeen, Araukarien)
			Muschelkalk	
			Buntsandstein	
Paläozoikum oder Erdaltertum (Primärzeit)	Perm (Dyas) O			Starke Landtierentwicklung (Amphibien u. Reptilien) Erste Nadelhölzer
	Karbon △			Üppige Pflanzenwälder (blütenlose Sporenpflanzen der Steinkohlenformation) Erste Reptilien
	Devon			Älteste Landpflanzen, älteste Amphibien
	Silur △			Älteste fischartige Wirbeltiere
	Kambrium O			Älteste deutlich erkennbare Tierwelten, nur niedere Tiere
Präkambrium	Spätere Urzeit der Erde = Proterozoikum oder Algonkium O Leben vorhanden, Spuren undeutbar			
Urzeit der Erde = Archaikum (Azoikum) △ Leben nicht vorhanden oder unsicher. Erste Meere				

O bedeutet Eiszeiten (nicht für alle Länder). △ bedeutet stärkere Gebirgsbildungen.

Urwelt, Sage und Menschheit

Eine naturhistorisch-metaphysische Studie von Edgar Dacqué

6. Aufl. 376 S. 8°. Brosch. RM. 7.50, in Leinen geb. RM. 9.50

Inhalt: Einführung: Theorie und Wissenschaft — Wirklichkeitswert der Sagen und Mythen.

Naturhistorie: Typenkreise und biologischer Zeitcharakter — Das erdgeschichtliche Alter des Menschenstammes — Körpermerkmale des sagenhaften Urmenschen — Urmensch und Sagentiere — Die Atlantissage — Die geologische Erklärung der noachitischen Sintflut — Der Wesenskern des Sintflutereignisses — Die kosmische Erklärung der noachitischen Sintflut — Datierung und Raumbegrenzung der noachitischen Sintflut — Jüngere Fluten und Landuntergänge — Sagen von Mond und Sonne — Sternsagen — Gondwanaland.

Metaphysik: Das Metaphysische in Natur und Mythus — Natursichtigkeit als ältester Seelenzustand — Kulturseele und Urwelt — Naturdämonie und Paradies — Die Natur als Abbild des Menschen — Die Quelle der Weltentstehungs- und Weltuntergangssagen — Seelenwanderung, Tod und Erlösung.

Natur und Seele

Ein Beitrag zur magischen Weltlehre von Edgar Dacqué
3. Auflage. 201 S. 8°. In Leinen gebunden RM. 4.80

Leben als Symbol

Metaphysik einer Entwicklungslehre von Edgar Dacqué
2. Auflage. 259 S. 8°. In Leinen gebunden RM. 4.80

Natur und Erlösung

147 S. 8°. Broschiert RM. 3.50, in Leinen gebunden RM. 4.80
Vom Sinn der Erkenntnis - Die gefallene Welt - Goethes Wesen und das Urbild im Dasein - Religiöser Mythus und Abstammungslehre.

Die Erdzeitalter

Von **Edgar Dacqué**. 2. Auflage. 576 Seiten, 396 Abbildungen, 1 Tafel. Gr.-8°. In Halbleder gebunden RM. 12.50.

Inhalt: Einleitung. Gestaltung der Erdoberfläche in der Vorwelt — Die Geologischen Anstauungsgrundlagen — Das Zeit- und Raumbild der Erdepochen — Geotektonische Theorien. — Entwicklungsgeschichte des Lebens in der Vorwelt. — Das Fossilmaterial und seine Darstellung. — Tier- und Pflanzenwelt in den Erdzeitaltern. — Entwicklungsgeschichtliche Ergebnisse. Schlußabschnitt. Anhang.

Deutsches Philologenblatt:

Es ist ein Buch, das auf der Höhe der Wissenschaft steht, ein mit bewundernswerter sachlicher Ruhe geschriebenes Studien- und Lesewerk. In seinen naturphilosophisch durchtränkten Darlegungen über grundlegende Fragen, deren erste Beantwortungsversuche in die Metaphysik führen, entschieden interessant und spannend, ist sein Lesen ein Genuß und ein Gewinn für jeden, der sich mit solchen Grundfragen des Lebens beschäftigt.

Vom Sinn der Erkenntnis

Eine Bergwanderung von **Edgar Dacqué**
196 Seiten. 8°. Kartoniert RM. 4.80

Deutsche Naturanschauung

als Deutung des Lebendigen. Von Hans André, Armin Müller, **Edgar Dacqué**. 192 S., 33 Abbildungen. 8°. 1935. RM. 4.80

R. OLDENBOURG · MÜNCHEN 1 · BERLIN